走近新科学

环　境

主　编：李方正
撰　稿：任东辉　张俊华
　　　　王聪明

吉林出版集团股份有限公司
全国百佳图书出版单位

图书在版编目(CIP)数据

环境 / 李方正主编. -- 2 版. -- 长春：吉林出版集团股份有限公司, 2011.7 (2024.4 重印)

ISBN 978-7-5463-5742-3

Ⅰ. ①环… Ⅱ. ①李… Ⅲ. ①环境科学-青年读物②环境科学-少年读物 Ⅳ. ①X-49

中国版本图书馆 CIP 数据核字(2011)第 136916 号

环境 Huanjing

主　　编	李方正	
策　　划	曹　恒	
责任编辑	李柏萱	
出版发行	吉林出版集团股份有限公司	
印　　刷	三河市金兆印刷装订有限公司	
版　　次	2011 年 12 月第 2 版	
印　　次	2024 年 4 月第 7 次印刷	
开　　本	889mm×1230mm 1/16　**印张** 9.5　**字数** 100 千	
书　　号	ISBN 978-7-5463-5742-3　　**定价** 45.00 元	
公司地址	吉林省长春市福祉大路 5788 号　**邮编** 130000	
电　　话	0431-81629968	
电子邮箱	11915286@qq.com	

编者的话

科学是没有止境的，学习科学知识的道路更是没有止境的。作为出版者，把精美的精神食粮奉献给广大读者是我们的责任与义务。

吉林出版集团股份有限公司推出的这套《走进新科学》丛书，共十二本，内容广泛。包括宇宙、航天、地球、海洋、生命、生物工程、交通、能源、自然资源、环境、电子、计算机等多个学科。该丛书是由各个学科的专家、学者和科普作家合力编撰的，他们在总结前人经验的基础上，对各学科知识进行了严格的、系统的分类，再从数以千万计的资料中选择新的、科学的、准确的诠释，用简明易懂、生动有趣的语言表述出来，并配上读者喜闻乐见的卡通漫画，从一个全新的角度解读，使读者从中体会到获得知识的乐趣。

人类在不断地进步，科学在迅猛地发展，未来的社会更是一个知识的社会。一个自主自强的民族是和先进的科学技术分不开的，在读者中普及科学知识，并把它运用到实践中去，以我们不懈的努力造就一批杰出的科技人才，奉献于国家、奉献于社会，这是我们追求的目标，也是我们努力工作的动力。

在此感谢参与编撰这套丛书的专家、学者和科普作家。同时，希望更多的专家、学者、科普作家和广大读者对此套丛书提出宝贵的意见，以便再版时加以修改。

目 录

环境/2

与人类相关的环境/3

环境问题/4

人与环境/5

重视环境质量/6

环境污染/7

生态系统的调节/8

环境污染危害大/9

污染物/10

污染源/11

工业污染/12

环境污染的原因/13

环境保护/14

世界环境日/15

地球日/16

环保的目的和任务/17

生态系统/18

食物链、网/19

生态平衡/20

中国自然灾害多/21

地球生命的诞生/22

太阳活动峰年/23

太阳黑子增多/24

日食影响环境/25

太阳风暴的威胁/26

灾害的周期性/27

星际天气预报/28

星球引力的影响/29

地球将面对偷袭/30

陨石带来的祸患/31

地球自转减速/32

地磁极位移/33

灾害与地气有关/34

自然灾害的利弊/35

自然灾害的规律/36

人类与地球环境变异/37

火山爆发与气候/38

重大火山灾害/39

火山改造环境/40

要警惕氡气杀手/41

水困扰一些国家/42

黄河之水是黄色/43

水污染严重/44

缺水造成的危害/45

开源节流/46

南水北调工程/47

城市水的治理/48

中国水患频仍/49
三峡工程与环境/50
三峡工程与景观/51
水就是生命/52
残渣和悬浮物/53
水体能自净/54
水污染/55
水污染的种类/56
水体富营养化/57
地下水污染/58
废水处理方法/59
滑坡灾害/60
滑坡的成因/61
滑坡防治/62
泥石流/63
泥石流灾害/64
泥石流的形成/65
滑坡的诱因/66
地面沉降灾害/67
长江流域"火炉"多/68
癌症与地质环境/69
大地震动的原因/70
世界两大地震带/71
中国地震频繁/72

震级和烈度/73
朔望日的地震多/74
第五地震活跃期/75
火山活动与地震/76
水库诱发地震/77
人类活动与地震/78
地震有前兆/79
地震可以预报/80
大气圈的圈层/81
空气与人类生存/82
大气污染/83
大气污染物/84
大气污染源/85
温室效应/86
温室效应灾害/87
中国的温室效应/88
防治温室效应/89
臭氧和臭氧层/90
臭氧层遭破坏/91
臭氧层保护伞/92
保护臭氧层/93
大气的阳伞效应/94
阳伞效应的影响/95
"天快塌了"/96

光化学烟雾/97

光化学烟雾污染/98

光化学烟雾有害/99

控制光化学污染/100

城市热岛效应/101

热岛效应的影响/102

酸雨/103

酸雨污染环境/104

厄尔尼诺现象/105

拉尼娜现象/106

地球气温变暖/107

全球气候异常/108

地球变暖会成灾/109

土壤的物质组成/110

土壤侵蚀/111

盐渍土/112

土壤背景值/113

土壤能够自净/114

土壤污染/115

人为污染源/116

土壤施肥有利弊/117

土壤流失严重/118

预防土壤污染/119

治理土壤污染/120

森林覆盖率/121

植被可保持水土/122

树木能增进健康/123

植被是减灾之本/124

造林可以减少水灾/125

制氧机和消声器/126

植物是空调器/127

植物是净化器/128

植物是监测器/129

生物是环保网/130

生物灾害/131

植被可防风固沙/132

中国的植被环境/133

采煤、加工与环境/134

采油、加工与环境/135

化石燃料与污染/136

核电与环境污染/137

核反应堆较安全/138

噪声/139

噪声危害健康/140

振动公害/141

电磁波污染/142

环　境

　　环境是指周围事物的境况。周围事物是同某项中心事物相对而言的。例如，以地球为中心，就是指地球周围的宇宙环境；以人类为中心，就是对人类生命活动有影响的各种外界因素，也就是指以人为中心的，作用于人的外界影响与力量及其范围或境界，即人类生存的环境。人类生存环境包括自然环境和社会环境两大部分。

　　自然环境是由日光、大气、水、岩石、矿物、土壤、生物等自然要素共同组成的。社会环境是人类在自然环境的基础上，通过长期有意识的社会劳动所创造的人工环境。例如，人们将荒地改造为良田，丘陵缓坡改造为梯田，天然草地改造为人工牧场，滩涂改造为水产养殖场；或是选择符合自己要求的地点，创建村落、城市、工矿区、疗养区、风景游览区等等。现在人类赖以生存和从事各种活动的环境，是自然环境和社会环境共同组成的。

　　《中华人民共和国环境保护法》中所称"环境"包括大气、水、海洋、土地、矿藏、森林、草原、野生动物、自然古迹、人文遗迹、自然保护区、风景名胜区、城市和乡村等。这些是由法律条文确定，加以保护的环境。

与人类相关的环境

聚落环境：指人类聚居的地方。它是人类活动的中心，是与人类的生产和生活最密切、最直接的环境。因此，聚落环境是环境保护的重点之一。聚落环境根据其性质、功能与规模，又可分为村落环境、城市环境、区域环境、国家环境和世界环境。

地理环境：位于地球表层，处于岩石圈、水圈、大气圈和生物圈相互渗透、相互作用、相互制约的交织带上。它下起岩石圈表层，上至大气圈对流层顶，厚10~20千米。这里有人类赖以生存的物理、化学和生物条件，为人类提供着大量的生活资料、生产资源，是人类活动场所。

地质环境：自表而下的坚硬的地壳，即岩石圈。地质环境为人类提供着大量的矿产资源。随着科学技术的发展，人类对种类繁多、数量庞大的矿产资源的开发利用越来越多，介入地质环境越来越多，因此，这是环境保护极应重视的问题。

星际环境：太阳、行星、小行星、彗星、月球、流星等宇宙星体对地球的影响是不可小视的。如地球上的潮汐受月球和太阳引力的影响，地球上的气候受太阳黑子活动的影响，目前，人类的宇航活动，已直接进入星际环境。

环境问题

　　人类活动影响周围环境，周围环境又反作用于人类，有时产生危害人体健康，破坏自然资源和生态平衡，影响人类生活和生产，甚至影响人类生存的种种问题，这就叫作环境问题。环境问题的产生有自然原因，也有人为原因。自然原因主要是指自然界发生的异常变化，如火山爆发、山崩、地震、海啸、台风、水旱灾害等；或者自然界本来就存在对人类和生物有害的因素，如某些地方病的发生，是由于当地水土中缺少人体需要的某种化学元素，或者含有某种不适合人体需要的化学元素，人们长期饮用这种水，或长期食用这类土壤中生长出来的农产品，就会致病。

　　人为原因主要是指人类对自然资源的利用不合理，废弃物质处理不够妥当，以及生产发展和城市人口膨胀所带来的环境污染和破坏行为等。人为环境问题，主要是由下述人为原因引起的：一是滥采乱用自然资源，包括滥伐森林，滥捕乱杀野生动物，破坏自然界的生态平衡；滥垦草原，造成土地沙化；无节制地抽取地下水，引起地下水位下降，地盘沉降；滥采乱用矿产资源，引起环境污染等。二是任意排放有害物质；三是城市人口不断膨胀，产生各种城市环境问题；四是某些大型工程建设不当，破坏生态平衡。

人与环境

人类同一切生物一样，为了生存和活动，都需要从环境中吸取营养物质；还必须占有含有媒质(空气、水)的一定空间。同时，人类新陈代谢和活动的产物，也要排放到环境中去。环境还要具有容纳、清除和改变这种代谢产物的能力。所以，人类生活是同环境息息相关的，离开了这个特定的环境，人类就无法生存。

一个成年人平均每天要呼吸 13 千克空气，进食 1.5 千克食物(粮食、蔬菜等)，饮入 2.5 千克水。另外，在人体各部分的器官和组织中，含有地壳中所存在的 60 多种化学元素。

人类与一般动物又有很大的不同：一般动物只是以自身的存在及其生命活动来改变自然环境，如蚯蚓以吸食土壤改变土质或是以改变自己的体形、毛色等来适应环境。再如蜥蜴类的变色龙，善于变换皮肤的颜色，适应周围环境，以保护自己。人类却能利用自己创造的工具，通过劳动，有目的地随着社会生产力和生产关系的发展，不断地利用自然和改造自然。人类通过生产活动，从环境中输入物质和能量；同时，通过消费活动(包括生产消费和生活消费)，以废气、废液、固体废弃物、热、噪声、电磁波等形式，把物质和能量输出给环境。环境又把它所受到的影响，反过来作用于人类本身，这叫反馈作用。

重视环境质量

环境质量是指环境要素的好坏。环境质量的优劣是根据人类的某种要求而定的。评价环境质量的好坏，一般都从自然环境和社会环境两个方面入手。

从自然科学的属性上，可将环境分为物理环境、化学环境和生物环境三大类。物理环境质量是用来衡量周围物理环境条件的，例如自然界气候、水文、地质地貌等自然条件的变化，放射性污染、热污染、噪声污染、微波辐射、地面沉降、滑坡、泥石流、地震等自然灾害。

化学环境质量是指周围工业是否产生化学环境要素，自然的和人工的化学物质(元素及其化合物)的种类、组成、分布、浓度、数量、性质和作用等化学条件。如果化学污染比较严重，那么化学环境质量就比较差；反之，化学环境质量比较好。

生物环境质量是指周围的活动、植物、微生物的种属、特点、群落结构和供给水平等生态条件的好坏。生物环境质量是自然环境质量中最主要的组成部分，鸟语花香是人们最向往的自然环境。生物群落比较合理的地区，生物环境质量就比较好；生物群落比较差的地区，生物环境质量就比较差。

环境污染

当污染物质介入环境中时,环境状态和构成发生了变化,与原来的环境质量相比,环境素质恶化,扰乱和破坏了生态系统和人们的正常生活环境。有害物质(主要是工业"三废")对大气、水质、土质和动物、植物的污染达到了有害的程度。环境污染还包括噪声、振动、恶臭、地面沉降、放射性辐射、废热等对环境所造成的破坏。

环境污染的种类很多,从污染影响的范围大小来说,有点源污染、面源污染、区域污染、全球污染等;从被污染的对象(客体)来说,有大气污染、水体污染、土壤污染、食品污染;从污染影响的程度来说,有轻度污染、中度污染、重度污染、严重污染等。

污染物可分为反应污染物质和非反应污染物质两大类。介入环境中的反应污染物,在诸因素的作用与影响下,发生理化或生化等化学反应,生成比原来毒性更强的新污染物质,所生成的污染物质,就叫作二次污染物,它所造成的环境污染,就称为二次污染。例如,大气中的污染物受阳光照射生成的光化学烟雾;大气中的二氧化硫、氮氧化物和雨水混合生成的酸雨;汞及其化合物生成的甲基汞等。介入环境中的污染物未改变毒性,而从一个环境要素或场所,转入另一个环境要素或场所,其所造成的环境污染就称为次生污染。

生态系统的调节

生态系统对外界的干扰，可以进行内部结构和功能方面的调整，以保持系统的稳定与平衡的能力，称为生态系统的自我调节能力。

生态系统之所以能够保持动态平衡，主要是由于其内部具有自动调节的能力。生态系统的生物种类越多，组成成分越复杂，其能量流动和物质循环的途径就越复杂，营养物质贮备就越多，调节能力越强。因为在一个物种的数量变动或消失，或者一部分能流、物流的途径发生障碍时，可以被其他部分所代替或补偿。但是，一个生态系统的调节能力再强，也是有一定限度的，超过了这个限度，调节就不能再起作用，生态系统的平衡就会遭到破坏。即使最复杂的生态系统，其自我调节能力也是有限度的。例如，森林应有合理采伐量，一旦采伐量超过生长量，必然引起森林的衰退；草原应有合理的载畜量，超过最大适宜的放牧量，草原就会退化；工业的"三废"应有合理的排放标准，排放量不能超过环境的容量，否则就会造成环境污染。

由于人类是大自然的主宰者，又是生态系统的一个成员，所以，人类对大自然的所有干预，必然反过来影响人类自身。人类只顾眼前利益或因不懂生态规律，而有意无意破坏了生态系统的协调与平衡，必然使人类失去生存的基础。

环境污染危害大

污染物对大气、水质、土壤和动植物的污染，对人和生态平衡可产生严重的危害。人们常常听说的"八大公害"就是例证。这八大公害是比利时的马斯河谷烟雾事件、美国的多诺拉镇烟雾事件、洛杉矶光化学烟雾事件、英国伦敦烟雾事件、日本的水俣病事件、富山镉米事件、四日市哮喘病事件和米糠事件。

首先，污染物作用的时间长，如 DDT 在土壤中消失 50% 的时间是 4~30 年，人们长时间地生活在被污染的环境里。

其次，污染范围广，如大气污染可造成一个城市、一个区域，甚至全球的污染危害；河流污染可造成一个流域和海域的污染。

再次，作用机理复杂，污染物进入环境以后，经大气、水体等的稀释、扩散，一般来说浓度较低。但是由于污染物种类繁多，而且与多种因素相关，又可通过理化和生化作用发生转化、代谢、降解、富集，所以既可单独产生危害，又可产生联合危害。

最后，危害暗藏，不易发现，有的污染危害要相当长的时间，运用多种科学手段才能被发现，被查明原因。尤其是环境污染的慢性危害更不易发现，往往是污染物在人体内积蓄多年，发现后已属晚期，甚至成为"不治之症"。隐患最深的是某些污染物的远期危害。

污染物

　　当某些物质进入环境后，使环境的正常组织发生改变，性质发生变化，直接或间接对人类和生态平衡产生危害，这类物质就是环境污染物。这类环境污染物的出现有两种原因：一是自然界释放的，二是人类在生产、生活活动中产生的。

　　自然界释放的有害物的种类很多，有来自宇宙星球的，例如来自遥远的河外星系的伽马射线，其能量深不可测，可能是两个星球崩溃重新组合造成的，一旦发生，射线会使大气层变热，产生氮氧化物，破坏臭氧层；又如太阳每隔 11 年左右"刮"起的太阳风，它射向太空的微粒子与辐射，以每小时 100 万千米的速度向地球袭来，其对地球的威胁，是科学家难以预计的。地球磁场的南极和北极，每隔几十万年就要发生变化，甚至倒转，21 世纪正是倒转时期，其后果会使地表状况变异，破坏臭氧层，罗盘失灵，人类生命受到威胁。

　　在自然灾害中，最常见的是火山爆发带来的污染物，如剧热、岩浆、火山灰等。其次是岩石中所含的放射性物质，例如氡可以从建材中放射性物质衰变而释放出来。

　　人类在生产、生活活动中产生的环境污染主要是废水、废气、废渣、垃圾中所含的各种有害化学物质。

污染源

凡是产生有毒有害物质或因素的设备、装置、场所等，都称为污染源。比如电冰箱的氟利昂，火力发电排出的烟尘、造纸排出的废水、废气，核电厂使用后的核废料等，这些都是从污染源电冰箱设备，火力发电装置，核电厂场所排出来的污染物。不难看出，从污染源排出的污染物种类繁多，有物理的(声、光、热、振动、辐射、噪声等)、化学的(有机物、无机物)、生物的(霉菌、病菌、病毒等)。

污染源分类的方法很多，有天然污染源和人为污染源。人为污染源分为工业污染源、农业污染源、交通污染源、生活污染源四大类。目前，大部分污染事件与纠纷、污染损失与赔款主要发生在工业污染源。工业废水、废气、废渣构成的工业污染源是世界各国，特别是工业发达国家的主要污染源。

环境污染是随着人类开发利用环境资源能力的提高，造成环境质量下降的复杂问题。人们将环境污染的发展分为五个阶段，即原始捕猎、农牧业、工业革命、工业发展和现代工业阶段。

现代工业阶段，20世纪60年代以来，人类活动上至太空、下到海底，大范围改变着环境的组成和结构，造成空前宏大的污染规模。

工业污染

自 20 世纪初至 60 年代以来，特别是第二次世界大战以后，科学、工业、交通得到了迅猛发展，工业过分集中，城市人口过密，环境污染由点源污染扩大到了区域污染。近年来，许多国家都出现了环境问题，酿成了世界性的社会公害。由于火力发电事业的发展、石油等能源的开发利用、汽车工业和化学工业的迅速发展、农药化肥的  施用等，有害排放物破坏了自然界的生态平衡，严重污染了环境。

据估计，当前全世界每年生产的毒性人工合成化合物约 50 万种，共约 400 万吨，每年施用的矿物肥料 4 亿吨，有毒的化学药品约为 400 万吨。所有这些物质，有相当数量滞留在大气和地面水体里。另外，还有数千万吨的铅、铬、汞、砷、镉等重金属有毒物质和有机物质流进了地面水体。

当前，世界各国，特别是工业发达国家，在水资源的开采利用，能量的消耗上，已达到了惊人的程度，过去一直认为"取之不尽，用之不竭"的水，现在已成了大问题。一方面世界上许多城市闹"水荒"，部分地区由于过度开采地下水而出现地面下沉；另一方面水污染已经达到十分严重的程度。

由于大量的工业废气、汽车尾气的排放，使大气中二氧化碳浓度以每年大于 1 毫克／升的速度增加，造成"温室效应"，冰山融化，海平面上升等危害。

环境污染的原因

除天然因素造成地球环境污染外，以下因素也可以造成环境污染：工业和城镇建设的布局不合理；自然资源的利用不合理；国家的法规、法律、条例和标准等不健全；对发展生产和保护环境的关系处理不当；由于某种原因造成的工作失误，以及科技水平和经济能力所限等。

说得更确切一些，工业和城镇的大量有毒有害废水和生活污水排入水体，造成了水体污染；工农业生产、城镇生活和交通运输的大量粉尘和烟尘，以及生产过程中多种有毒有害气体排入空中，造成大气污染；农药、化肥的大量施用和污水灌溉农田，造成了土壤污染和农、林、牧、副、渔业产品污染，有害物质进入食品和饮料以及生产、加工、贮存、运输方面不当，造成了食品类的污染；工业、生活和交通产生的噪声及振动污染，工农业和生活的固体遗弃物(废渣和垃圾)污染；各行各业的放射性、电磁波、热污染以及滥采乱伐、过度放牧、截流改道等大型水利工程造成生态平衡的破坏导致的各种环境问题。

另外，还有二次污染和次生污染问题，人口急剧增长对未来环境的影响或破坏问题，也都是环境污染和破坏的原因。由此可见，造成环境污染和破坏的主要因素是多方面的，也是十分复杂的。

环境保护

我们的地球本来是个清洁、美丽的星球。就像唐代诗人杜甫的诗句那样，"两个黄鹂鸣翠柳，一行白鹭上青天"，也像毛泽东笔下的"到处莺歌燕舞，更有潺潺流水"。但是，人类在发展过程中，有意无意地损害了自然环境，毁灭了很多物种，破坏了部分生态平衡，污染了自身生存的环境。

当人类醒悟过来的时候，面对眼前的一系列环境问题，开始悔恨以前的行为，如果再那样继续下去，前景不堪设想。人们逐渐认识到了人类的环境需要全人类来保护。1972 年，召开了一次重要会议，即1972 年斯德哥尔摩联合国人类环境会议，提出了《人类环境宣言》。并指出环境问题是一个全球性问题，环境保护具有十分重要的意义。

采取行政的、法律的、经济的、科学技术的多方面措施，合理地利用自然资源，防止环境污染和破坏，以求保持和发展生态平衡，扩大有用自然资源的再生产，保障人类社会的发展，这就是环境保护。

其实，保护自然资源、合理利用自然资源，只是环境保护中的一个方面；另外一个重要内容就是防止和治理环境污染，保护和改善环境质量，保护人的身心健康，使人类不至在恶劣的环境中变异和退化。

世界环境日

在世界范围的环境污染和生态破坏问题日益恶化、严重危及到人类的生存和经济发展的情况下，1972 年 6 月 5 日至 16 日，联合国在瑞典的首都斯德哥尔摩举行了包括 113 个国家参加的"联合国人类环境会议"，共同讨论了当代环境问题，探讨了保护全球环境的战略，会上通过了《斯德哥尔摩人类环境宣言》，即《联合国人类环境宣言》，以及具有 109 条建议的保护全球环境的"行动计划"。

同年召开的第 27 届联合国大会于 10 月作出决定，把今后每年的 6 月 5 日定为世界环境纪念日，以此提醒全世界注意全球环境状况和人类活动对环境的危害，要求联合国系统和各国政府在这一天开展各种活动来强调保护和改善人类环境的重要性。1973 年 1 月，联合国在肯尼亚首都内罗毕正式成立联合国环境规划署，作为国际环境活动的中心，促进和协调各国的环境保护工作。从这一年的 6 月 5 日开始，每年的 6 月 5 日，世界各国都开展环境保护宣传等活动。然而，每年的"6.5"世界环境日的主题内容都不尽相同。例如 1974 年是只有一个地球；1975 年是人类居住；1976 年是水：生命的重要源泉；1977 年是关注臭氧层破坏、水土流失、土壤退化和滥伐森林；1993 年是贫穷与环境——摆脱恶性循环等。

地球日

　　"地球日"活动起源于 20 世纪 60 年代的美国，当时的美国人对工厂、企业等的法人污染者提出了控诉，指责、抨击政府的一系列导致环境污染的政策。1969 年，民主党参议员盖洛·尼尔森提议，在全国各校园内举办有关环境问题的讲习会。时年 25 岁的哈佛大学法学院学生丹尼斯·海斯很快就将尼尔森的提议变成一个在全美各地展开大规模社区性活动的构思，并得到了尼尔森和很多青年学生的热烈支持。为错开期末考试，尼尔森提议以次年的 4 月 22 日作为世界"地球日"在全美发动环境保护活动。

　　1970 年 4 月 22 日，美国一些环境保护工作者和社会名流，首次在美国境内发起"地球日"活动。当天，全美 2000 多万人，约 1.2 万所大、中、小学和各团体，举行集会、演讲、游行及其他形式的多种活动，高呼口号，要求政府采取切实措施，保护自然环境和自然资源。美国国会也于当日休会，使议员们各自回到所在地区参加活动，美国公共广播系统对"地球日"活动进行了全天报道。

　　人类只有一个地球，地球犹如一艘航行在茫茫星空中的小小飞船，载着人类在太阳周围巡回游荡，如果人们尚不珍惜这狭小的生存空间，仍一味地破坏她、污染她、摧残她，那么总有一天这艘如今生机盎然的"生命之舟"将变成沉寂无声的死船。

环保的目的和任务

"环境保护"一词起源于近代，但有益于环境保护的法律早已出现。西周时，人们对山林、鸟兽的保护就极为重视，《逸周书·大聚》就规定了春天不得上山伐林，夏天不得下河捕鱼。《礼记·月令》中还有禁止捕杀幼虫、飞鸟的记述。战国时，国家已有正式的法律条文，约束乱砍滥伐的行为，保护自然资源。秦国法律对自然环境保护提出了严格的要求，《田律》规定：从春季二月开始到夏季七月期间，不准进山砍伐林木，堵塞林间水道，不准烧草木灰，不准诱捕鸟兽……不难看出古代人的环保意识，以及当时的环保任务和目的了。而今环境保护的任务是：合理利用自然资源、防止环境污染和生态破坏，创造清洁的生活和劳动环境，保护人民的健康，促进经济发展。

环境保护的目的有二：一是合理利用自然资源，保护自然资源。保护是为了更好地利用。对于可再生的资源，如水、大气、森林、土地、草原等，应保证其永远继续使用，不致破坏、退化和枯竭；对于不可再生的资源，如矿藏、煤、石油、天然气等，做到合理开采，节约利用。二是保障人类健康，防止生态破坏。因此必须把生产和生态保护统一起来，把环境与资源统一起来，把环境效益与经济效益统一起来，创造一个美好的人类生存环境。

生态系统

"生态系统"的概念,是英国植物生态学家唐司利于1935年提出来的。自然界中的动物、植物和微生物都是互相依存的。由各种动物、绿色植物、各种微生物和自然环境因素共同组成的动态平衡系统,称为生态系统。生态系统是一个物质循环和能量转化的动态系统,具有生产性、稳定性和持续性三个特征。

在一定地域、空间内,生存的所有生物和环境相互作用,具有能量转换、物质循环代谢和信息传递功能。例如,森林就是一个具有统一功能的综合体。在森林中,有乔木、灌木、草本植物、地被植物,还有多种多样的动物和微生物,再加上阳光、空气、温度等各种非生物环境条件。它们之间相互作用,这样由许多的物种(生物群落)和环境组成的森林,就是一个实实在在的生态系统。草原、湖泊、农田等也是这样。

生物系统的范围有大有小,大的到整个生物圈,整个海洋,整个大陆;小的到一个池塘、一片农田;再小如含有金鱼、水草及水的金鱼缸。任何一个系统都可以和周围环境组成一个更大的系统,成为较高一级系统的组成成分,而且它本身可以分成许多子系统。生态系统按人参与和影响的程度,可有三种类型:自然生态系统、半自然生态系统、人工生态系统。

食物链、网

　　俗话说："大鱼吃小鱼、小鱼吃虾米"，这就是食与被食者的链锁关系。在自然界的生态系统中，生物(动物与植物、微生物)之间，存在着一系列食与被食的关系。绿色植物制造的有机物质，可以被草食动物所食，草食动物可以被肉食动物所食，小型的肉食动物又可被大型肉食动物所食。这种以食物营养为中心的生物之间，食与被食的链锁关系，称为食物链。食物链上的每一个环节，称为一个"营养级"。

　　不同生态系统，食物链长短会有所不同。因而营养级数目也不一样。例如，海洋生态系统的食物链较长，营养级数目可达 6～7 级；陆地生态系统的营养级数目最多不超过 4～5 级。人类干预下的草原生态系统和农田一般只有 2～3 级，如青草——反刍家畜——人；谷类作物——家畜(禽)——人；谷类作物——人。

　　在生态系统中，由许多食物链组成的复杂网络系统(网状结构)称为食物网。例如不仅家畜采食牧草，野鼠、野兔也吃牧草，同一种植物

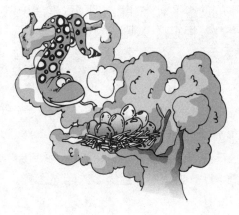

可以被不同种的动物消费掉；另外，同一种动物，也可以取食不同种食物，例如沙狐既吃野兔，又吃野鼠，还吃鸟类，还有些动物，如棕熊，既吃植物，又吃动物。

　　食物链、食物网，可使生态系统中各种生物成分有着直接的或间接的联系，因而增加了生态系统的稳定性。

生态平衡

什么是生态平衡?在自然界中,生物与生物,生物与环境之间,互相依赖、互相斗争,在一定条件下,达到一种自然的、相对的动态平衡。在这种状态下,生物系统中的能量流动和物质循环,以及生物种类和数量都是稳定的。

在正常情况下,生态系统的某一部分出现了功能异常,就可被不同部分的调节能力所抵消。例如,草原上草资源丰富,兔子大量繁殖,数量增加,食兔子的狐狸和老鹰就会相应地繁殖增多,食狐狸的野狼接着增多。但是狐狸限制着兔子的增加,狼限制着狐狸的增加,保持着三者之间在一定时间和条件下的动态平衡。如果出现了异常,假如兔子数量锐减,狐狸、野狼因缺食物,相应减少,则建立新的平衡;狐狸、野狼减少的结果,会使兔子因天敌少,而再度增多,平衡破坏;同时,由于兔子增多,狐狸、野狼跟着增加,再次达到新的平衡。这就是生态系统的自动调节能力。

但是,生态系统这种自动调节的能力是有限的,一旦遭到外界因素的干扰,超过了调节能力,平衡被打破,就称之为生态平衡失调。1998 年夏天,我国长江、嫩江、松花江等洪水泛滥,损失严重。究其原因,厄尔尼诺、拉尼娜造成的气候异常,雨量增加且集中为自然因素。人为因素则是森林减少,植被破坏等。

中国自然灾害多

自然界无时无刻不在运动着、变化着,当这种变化达到一定程度,即危及人类生存和造成财产损失时,就构成了灾害。

灾害发生的原因有二:一是自然因素,二是人为因素。

中国南北跨越 50 个纬度,东濒太平洋,天气系统复杂多变,加之大陆区多变而剧烈的地势起伏,地下放热放气的影响,生物繁衍与活动,人类活动的影响等,所有这些因素都使气候异常,气象灾害增多,并加重了海洋灾害与洪水灾害。中国又恰处于世界上最强大的环太平洋构造带与欧亚构造带之间,活动构造发育,使地震与地质灾害十分严重。中国是农业大国,对气象、洪水等灾害的敏感度最大,农作物与森林病虫害因温度适宜而活动猖獗。这样便使中国成为世界上自然灾害最严重的少数国家之一。20 世纪末至 21 世纪初,正处于太阳变化与地球运动新的变异时期,这是中国自然灾害增多的基本自然因素。

中国又是世界上历史最悠久、人口最多的国家,长期以来,由于对森林、土地、地下水等资源非科学、无节制的过量开发,向表层不加处理地遗弃生活与生产废料,加之人类工程活动对自然环境的破坏,致使环境恶化,灾害丛生。这是中国自然灾害严重的人为原因。

地球生命的诞生

地球是目前已知的宇宙中唯一有生命活动的星球。地球孕育了生命,也孕育了人类,人类几千年的文明史,就是人类在地球上生存和发展的历史。地球为什么成为生命的摇篮呢?科学家认为有以下原因值得重视:

首先,地球位于距离太阳既不太远,也不太近的位置上,日地距离为 1.5 亿千米,射到地球上来的太阳光和热,能促进万物的生长。如果地球距离太阳太近了,接受太阳的热量过多,生物会被烧死;如果离太阳太远了,接受热量过少,将永远处于冰冻环境之中,不宜生物生存。

其次,如果行星上的一年(公转周期)太长,季节的变化太慢,或公转周期太短,季节变化太快,都不宜生命的生存,而地球围绕太阳公转,一年四季分明,正是生命生存的有利环境。

再次,地球上产生生命的基础是碳和水,称为碳水化合物。大气和水的存在也是地球上生命生存的必要条件。经过考察,其他行星以及月球上,多数没有空气和水,所以其他星球上没有生命出现。

最后,行星的质量大小,也是生命生存的条件。行星的质量太小,引力很弱,自身的大气和水向外逃逸,而不能保存下来;行星的质量过大,引力过强,连氢和氦都原封不动地保留下来,也不利于高级生命的形成。地球质量中等,适合生命生存。

太阳活动峰年

太阳活动是指太阳大气里一切活动的总称。包括太阳黑子、光斑、耀斑和日珥等，其中对人类影响最大的是太阳黑子和耀斑。太阳活动有时剧烈，有时平静；剧烈时称之为"峰年"，平静时称之为"谷年"。总的看来，太阳活动具有大约 11 年的周期性。太阳活动会给人类的健康带来负面影响。

首先，太阳活动剧烈时，太阳向地面辐射的有害射线显著增加，致使人体的某些防御系统受到削弱，机体免疫力降低，从而诱发癌症或免疫缺陷性疾病。例如，美国康涅狄格大学医学院的科学家发现，皮肤癌的发病高峰往往出现在太阳黑子活动的高峰后的第二年；流行性感冒的发生时间也与太阳活动有着密切关系。

其次，太阳活动增强可使血液、淋巴球和细胞原生质的不稳定胶体系统电性改变，引起胶体凝聚，促进血栓形成，造成心绞痛频繁发作和出现心肌梗死。美国的一些研究人员认为，太阳活动增强还影响人的神经系统和心理活动，使人的体温调节过程、呼吸和循环系统发生紊乱。

最后，太阳黑子爆发，还会使条件反射受到抑制，使人对信号的反应较平时迟钝。因此在这些日子里，交通和工伤事故会成倍增多，其他的一些意外事故也往往防不胜防。

太阳黑子增多

太阳黑子是太阳炽热球面上，相对温度较低、颜色也较为暗淡的"大气旋涡区"。它的温度较周围地区约低 1500℃。黑子数目的增多，表明太阳活动强烈，黑子数目少时太阳活动则较弱。太阳活动具有平均为 11 年的周期。国际天文学界把从 1755 年开始的太阳活动周期峰年作为第 1 个周期，以后依秩序编号，至今已过去了 22 个周期，进入第 23 个活动周期。

黑子和耀斑的频繁爆发，给人类生存空间环境带来明显的影响，不但产生了多次的地磁暴和极光，而且还抛出了大量高能带电粒子流，严重干扰电离层，使得地球上的不少地区的无线电短波通信突然中断，人造地球卫星的运行和工作也受到干扰。在高纬度地区，由于极光所产生的强大电流在输电线路上集结而产生强烈的电冲击，摧毁了输电变压器材，从而导致大范围地区的供电中断。如加拿大魁北克省就曾因此而停电达 9 小时，给生产和生活都带来不利影响。

此外，在第 22 周期(1987～1991 年)的峰年内，世界各地还曾相继发生过大地震和火山大爆发。1990～1991 年间，我国江淮流域还出现了历史上罕见的大范围的洪涝灾害。所有这些，都跟当年的太阳活动有着密切的关系。

日食影响环境

　　当月球运行到太阳和地球之间,三者差不多成一直线时,月影挡住了太阳,位于地球上的人就看不见太阳了,暗淡无光,就发生日食了。1981 年 7 月 31 日中午那次日食,黑龙江漠河的食分是 0.96。日食来临时天空随之转暗,似黄昏来临,10 分钟内气温骤降 8℃,空中的鸟儿急速地飞入林中和草丛,地面上的公鸡啼鸣,母鸡领着鸡雏迅速归窝,蚊子也顿时活跃起来……

　　据国外观测,在日全食时,蚂蚁会静止不动,蜜蜂在日食前半小时开始返回蜂房,前 14 分钟就不再外出,直到日食后一小时才大量飞出;大头金蝇在日食环境的影响下可发生形态变化;白天活动的飞禽,日食时活动减少,而夜间活动的鸟类却开始活跃,更为有趣的是,信鸽在日食时往往会失去定向能力……

　　日食环境对人体的影响如何?1980 年 2 月 16 日为日全食,医务人员对 55 例心血管病患者进行了综合观测表明:70%以上的病人原有

主要症状加重,怕冷症状更突出,病人的交感神经也比较兴奋。直至日食后两三天,病人的血压、脉搏、交感神经兴奋性才逐渐恢复到日食前的水平。这种影响,主要是由于日食时月球挡住了不少太阳辐射能量和粒子流,使地球上的光线、温度、磁场、引力场等物理因素发生短暂的突变所引起的。

太阳风暴的威胁

由太阳黑子活动引起的太阳风暴,即是因太阳能量增加而向太空喷出大量的带电粒子所形成的。太阳风暴 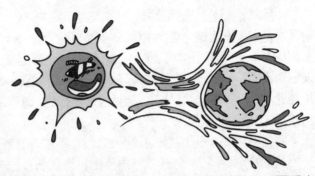 随太阳黑子活动周期每11年发生一次。它往往以每小时300万千米的速度向地球扑来,与地球磁场发生撞击产生地磁冲击波,从而对卫星通信、地面通信及供电设备造成一定程度的干扰。1998年5月,太阳风暴引起地球发生磁暴,结果造成美国一颗通信卫星发生故障,造成4500万个传呼机中的90%失去服务能力,损失严重。科学家认为,太阳风暴给通信卫星造成的影响有两方面:一个是静电引起计算机阻碍,二个是摩擦改变卫星的轨道。这样的事情很可能再次发生,对无线电和电视广播也会造成干扰。美国空间环境中心将对一些机构发出预测信息和警报,供电公司将在地球磁暴期间使用更强的接地系统,避免变压器超载。

除此之外,在太阳风暴期间,最有风险的就是那些在太空中的宇航员了。在国际空间站的宇航员会受到高辐射,如果在月球上有宇航员,将会有潜在的严重后果。太阳风暴刮起时,等离子体微粒流从太阳一直吹过地球,刮遍整个太阳系行星际空间,影响范围广泛,特别是对地球的外空间磁场有重大的影响。

灾害的周期性

　　自然界许多自然灾害,例如地震、生物、医学、水文、气象等方面的灾害,都具有周期性,大致为 11 年一个周期。地球上很多自然现象,与它所在的宇宙环境有着密切的关系,所以越来越多的科学家,把注意力延伸到地球以外的宇宙,从而不断揭示地球上自然界的秘密。地球上很多自然现象周期性的变化就与太阳活动的周期性变化有着内在联系。国际天文学界把从 1755 年开始的太阳活动周期峰年,作为第一个周期,延续至今,已有 22 个周期,而今正经历第 23 个活动周期,当前的许多灾害,正与新的太阳活动周期相关。

　　回顾 1966 年 3 月,中国河北邢台发生大地震,而 10 年以后的 1976 年 7 月,又发生了河北唐山大地震。从中国和世界上许多国家看,地震强弱和次数多少,均有一个 11 年左右的周期性,这是因为在太阳黑子出现多的年份,太阳活动增强,电磁辐射剧烈增加,某些地区地壳吸收大量电磁波,转化为热能而触发地震。据资料统计,地面降水量的变化,也有 11 年的周期,这是因为太阳辐射加强,引起地球大气发生变化,造成对流层大气和天气、气候的变异。此外,人类疾病出现频繁的年份也有 11 年一周期的规律,这是细菌活跃、地磁扰动剧烈所造成的。

星际天气预报

当今是人类向宇宙大规模进军的高科技时代，各种航天器及宇航员将急剧增多。但外层空间有大量的紫外线、X 射线等宇宙射线，并经常伴有"高能粒子雨""等离子风"，以及磁暴等。由于地球有一层厚厚的大气层，挡住了各种对人体有害的宇宙射线，使我们得以安全生存，但对于来到宇宙空间的宇航员来说，已失去了大气层的保护伞，各种宇宙射线就有可能破坏宇航员人体细胞，导致皮肤癌，甚至危及生命。

宇宙射线对宇宙飞船、人造卫星，以及地球环境带来的危害不乏其例：美国的"太克斯"号卫星受太阳耀斑释放出的大量"高能粒子雨"的阻碍和破坏，每天下坠 8 米，最后于 1989 年底进入大气层而被烧毁。1989 年 10 月 19 日，太阳系发生了一次特大的质子大爆发，使 200 多颗人造卫星同时出现不同程度的故障。

中国高科技机械在一些自然灾害预报中已取得了成果。例如 1987 年 7 月中旬，研究人员向国家地震局提供报告：受太阳风影响，云南澜沧地区不久将有强烈地震发生，果然，这一年的 10 月 6 日，澜沧地区发生了里氏 7.6 级的强地震。

科学家们认为，建立星际气象台进行"星际天气预报"已势在必行。

星球引力的影响

　　月球和太阳对地球的吸引力，再加上地球自转的离心力，就使得地球上的气、液、固体，以及生物都会受到影响。这种力量称为引潮力。每当月球、太阳在一条直线上时(每月农历的初一、十五)，两者引潮力最大。此时，地球上所有的物体如液体、固体、气体和生物都会发生潮汐现象。地壳在引潮力的作用下，发生的类似涨潮落潮现象，分别称为液体潮、气体潮、生物潮和固体潮。近年来，科学家把测量地壳潮的仪器放在矿井下，测得地壳周期性的涨落幅度约 37 厘米。它可以引起地震的发生。许多资料表明，规模大一些的地震，多发生在朔、望日前后，因为这时，月球、太阳对地球的引力最大，固体潮汐最强，从而促使潜在的地震一触即发。大气在月球引潮力的作用下，也会发生潮汐现象。比如，高空中的气压发生周期性的变化，其变化幅度大约为 1 毫巴。其次，天空亮度受到影响。1946～1948 年在瑞典，1948～1953 年和1958～1960 年在英国，均出现过晨昏蒙影随月相的变化而变化。这些现象，在高空和赤道附近出现。

　　生物潮，即引潮力对人或其他生物体作用的反映。据生物节律学家的研究，人的情绪同样与朔、望日的周期有一定的关系。月球引潮力对生物的作用，显然还没有专门的研究，但有些现象却是无法否认的。

地球将面对偷袭

20 世纪发生了两次小天体偷袭地球的情况。一次是 1908 年 6 月 30 日早晨 7 时 17 分，一颗比太阳更耀眼的大火球，在俄罗斯西伯利亚通古斯上空 8 千米处爆炸，其爆炸当量相当于 600～1000 颗广岛原子弹，虽

无明显的放射性辐射，但其强大的冲击波与高温大火，顷刻之间便摧毁了 2000 平方千米的森林。据计算得出，它是由一颗直径 60 米的小行星与地球相撞产生的。另一次是 1972 年 8 月 10 日，一颗火球飞越美国加州和加拿大西部上空后离开了地球，不少目击者听到了它从 58 千米上空传来的隆隆声响，美国空间红外探测器也记录了这一事件。后来得知，作祟的也不过是直径为 10 米，质量为几千吨的小行星。

据不完全统计，宇宙中直径在 100～2000 米的小行星，最少也有 33.17 万颗，人类已经发现的 200 颗小行星和彗星，只不过是常常飞到地球轨道周围的一小部分。万一那种 2000 米直径的石质小行星与地球相撞，其爆炸当量将达 1 万亿吨 TNT，它除了可以直接摧毁 100 万平方千米的地区以外，还会将大量的亚微米微尘抛向同温层，其全球性厚尘埃层将阻断植物的光合作用，形成类似核冬天的"星击之冬"。从而造成全球性的粮食大幅度减产，引发大范围饥荒和疾病流行，并严重危及地球 1/4 的生命。

陨石带来的祸患

从宇宙空间坠入地球大气层的流星总数，多到令人难以置信的程度，一昼夜之间约有 2000 万颗。但是大多数流星在离地面 120 多千米的高空就已开始燃烧。体积小的以及像尘埃般的流星，在离地面几十千米时已经烧成灰烬了。如果是体积较大的流星，没有完全烧尽，它的残骸落到地面上来，就是陨石。

每年坠落到地球上来的陨石数量很大，据估计每昼夜就有 2000～3000 吨陨石落到地球上来。但大部分都坠落到海洋里，少部分坠落在陆地上的各个角落。历史上由于陨石坠落造成房屋砸坏，人畜遇难，地上砸出大坑的记载与事实真不少。在恐龙灭绝的原因中，最有说服力的是"巨大陨石撞击说"。目前已证实在中美洲犹如敦半岛的地底有巨大坑洞存在，当时巨大的陨石撞击地球，致使地球环境发生了剧变，恐龙灭绝了。

直径为 10 千米左右的陨石，以每秒数十千米的速度撞击地球。陨石穿透厚达 30 千米的地壳而到达地幔，岩石瞬时蒸发，和微尘一起飞散到大气中而成为浓硫酸云，阳光被遮蔽、气温急剧降低。而阳光不足使得植物不能进行光合作用，导致草食动物和肉食动物冻死或饿死，海洋生物也遭受到很大的灾害。一般推测这种"撞击冬天"会持续数年乃至 10 年。白垩纪末期，恐龙等 70%以上的动物都灭绝了。

地球自转减速

科学家研究表明,地球自转速度平均以每 100 年近 1.7‰的速率在减慢。20 世纪初,自转速度最慢;到了 20 世纪 30~40 年代时,自转有所加快;进入 20 世纪 60 年代后期、70 年代前期,自转变慢;20 世纪 80~90 年代,自转变快;

2020 年以后,自转将变慢,2050 年左右地球自转速度将加快,此后自转又将变慢,这就是地球自转速度变化的周期。

研究发现,地球自转突然减慢时,如同刹车时车上的人和物往前窜一样,随地球运转的海水也由西往东向前窜。这一窜,使深部海水上翻减弱,海水表面水温上升。海水升温使整个地球气温上升。这一窜特别导致赤道东太平洋海域海水表面温度骤然增高,使这一广阔的冷水区变成了异常高温水区。在那儿形成的热气团把大量雨水带到哪里,哪里就发生洪涝灾害。科学家们称这种现象为厄尔尼诺现象。

厄尔尼诺为西班牙语,意为"圣婴"。现在特指秘鲁、厄瓜多尔沿海在圣诞节前后发生的海水增温。从 1956~1985 年间,厄尔尼诺现象共发生了 7 次,其中 6 次发生在地球自转速度急剧减慢的第二年;一次(即 1965 年)发生在 1963 年厄尔尼诺年后,地球自转速度继续大减慢的翌年。厄尔尼诺发生后,造成全球气候变化,除洪涝灾害外,还有夏季低温冷害。如 1957 年、1972 年、1976 年中国东北,日本、朝鲜的夏季低温灾害。

地磁极位移

　　我们的地球很像一块大磁石,跟普通的磁铁一样。它有两个相对的磁极:S 极在地球的北极附近;N 极在地球的南极附近。目前北磁极位于加拿大北部,距北极点大约 11 度(纬度)。丹麦气象研究所对格陵兰岛进行的测量表明,过去一年中地磁场北极北移了 20 千米,移动速度比上一年快了 1/10。有关地磁场的其他一些观测表明,过去 100 年中,地磁场北极向地球地理北极方向移动的距离已超过了 1000 千米。统计还显示,在过去 10 年中,地磁场的强度下降了 1%左右。

　　从古地磁学的考察表明,地球磁极的倒转至少已经发生过 12 次,

每 50 万~100 万年发生一次。最近根据人造地球卫星仪器的测量,推算地球磁场的极性大约从 21 世纪初开始,在 1200 年后完全发生倒转,即北磁极变为南磁极,南磁极变成北磁极。到那时,就像《乐府》诗中写的那样,会出现"正南看北斗"的奇异景象。

　　在地球磁场移动和倒转的过程中,有一段磁场为零的时期,这将给地球带来不小的灾难,例如北极星再也不能成为导航星,指南针失灵,航海、航空无法测定方向;地磁场失灵,太阳的紫外线以及各种宇宙射线可以长驱直入地球表面,灼伤人的皮肤,生物在磁极移动中灭绝。

灾害与地气有关

地气是地球内部的气体，是地球内部物质存在的一种形式，地球自诞生以来，一直在排放着地气。

经测试，地气有岩浆中的水汽、火山喷发的硫化氢气、毒气，还有可燃的天然气，以及放射性氡气等等。地气在流动过程中，可给今天的人类带来种种灾害。例如，岩浆中的水汽使火山发生强烈的爆发，火山喷发时的毒气对人和生物产生毒害，天然气等可燃性地气会引起燃烧和爆炸，放射性氡气对人体产生危害等。

由于绝大多数地气是无色无味的，而且气体本身又具很强的扩散和迁移性，因此地气常常表现得来无踪去无影，再加上地气灾害常被地震、火山爆发这类地质灾害所掩盖。当人们感觉到它存在时，常已造成很大的危害。这突出表现在火山毒气和放射性气体引起的灾害上。由于气体的流动，对外界的力很敏感，所以地气灾害常常发生在低气压天气、月亮引力最强的新月和满月(农历初一、十五)期间。这一点，可以为判断一些不明原因的灾害事件是否是地气灾害，提供了证据。

当前，人们已充分认识到一些地气灾害。例如，堪察加的死谷和喀麦隆的杀人湖是火山毒气所为，一些神秘的自然现象为浅层天然气自燃所引起，有一些肺癌是氡气造成，百慕大海域的飞机船舶失踪可能与海底的天然气水化物有关。

自然灾害的利弊

　　自然灾害像任何事物一样，具有双重性，常常既有害的一面，也有利的一面。例如：沿海地带的台风、暴雨可酿成大灾，然而对内地一些干旱地区却起到了缓解旱情的作用，为农业丰收创造了条件；1991年6月，北京北部山区因洪涝诱发滑坡、泥石流，给密云、怀柔等县造成了严重损失，但使水源不足的水库蓄满，为因水资源不足而多年受影响的工农业提供了新的生机；寒潮和冻害是危及农作物的重大灾害，但低温冷冻可使病虫越冬条件受到破坏，从而可能减轻了次年的农作物病虫害；火山喷发可毁坏城镇和村庄，但火山灰的肥效又可使农作物丰收，火山灰还是良好的建筑材料，滑坡是严重的地质灾害，但也起到了"平整土地"的好作用，许多村庄、农田都建在古滑坡体上就是例证，类似的例子还很多。因此，如何"害中求利"的确是一个值得深思的问题。

　　从历史发展的角度来看，灾变是自然界发展的必然规律，在地球的演进历史上曾经历了大大小小的许多次灾变期，几乎每一次较大的灾变都引起地球面貌巨大的变革和生物的跃进，推动了地球历史的进步。

人类正是在第四纪冰川时期那场严酷的灾害中进化而来的。以后历次灾期，都既给人类造成灾难和损失，同时又锻炼了人类，推动着科学的发展和历史的前进。所谓"祸之福所依"就是这个道理。

自然灾害的规律

　　大量资料揭示，许多自然灾害常常在某一地区，或某一时间段集中出现，形成灾害群；一些自然灾害特别是强度大、等级高的自然灾害，往往诱发一系列的次生灾害与衍生灾害形成灾害链。例如，一次大洪水灾害，常常接踵而至的泥石流、山体滑坡、水库地震、疾病等，大有"祸不单行"的形势。其实，灾害群与灾害链反映了自然灾害相辅相成的联系性，组成有机联系的自然灾害系统。

　　但是由于自然灾害的发生是自然变异向正反两个方面变化超过一定限度的产物，所以也有对立消长的特征。例如，在一个地区，同一时间段，暴雨多则滑坡、泥石流增多；但是相反，暴雨多则旱灾少。寒潮使气温降低，使低温冷害增多；但是病虫害则减轻。降雨强度大洪涝灾害加重，但是松毛虫程度降低。在同一时间段，不同地区，也存在灾害消长的现象，如1991年江淮发生特大洪水，而中国南方则发生特大干旱。历史上我国北旱南涝或北涝南旱的现象十分多见，历史上地震东强西弱，或东弱西强的现象也时有发生。

　　在同一地区，不同时间段，也存在灾害交替出现，强弱互易的现象。总之，自然灾害彼此之间是具有内在联系的，它们具有整体性、联系性、层次性，构成开放的自然灾害系统。

人类与地球环境变异

地球环境包括全球性的大环境,例如大气二氧化碳含量增高,臭氧层破坏,致使全球气温升高,以及海平面上升;局部地区有关的小环境,例如一个小流域的森林覆盖减少,水土流失增加,洪水发生的概率增大,同时导致物种大量消失等。由于人类的生产建设活动引起地球局部的环境变化,从地质学角度来看,大致可以分为三类:

第一,因地下水过量开采而引起的地质灾难,主要表现为地面沉降和地裂缝。中国工业发展早的城市——上海市,在1921年已出现地面沉降,到1963年最大累计沉降量达到2.63米,影响范围达400平方千米。经采取综合治理措施,市区地面沉降已基本得到控制。

第二,因地下过度采掘而引起的地质灾难,主要表现为地面塌陷、山体崩滑。中国煤矿的地下开采,每开采万吨煤将平均造成2000平方米到2467平方米土地塌陷。据统计,目前全国每年塌陷土地120平方千米。

第三,因地面物质移动而引起的地质灾难,主要表现有滑坡、泥石流、土地沙化。据统计,1949年到1990年间,全国重大滑坡、崩塌、泥石流灾害共发生843起,死亡和伤残者数万人,毁房近20万间,毁田近667平方千米,直接经济损失几十亿元以上。

火山爆发与气候

1988 年,美国一份地质报告表明,一直被归因于世界各地发生旱灾、暴风雨的厄尔尼诺的暖流,可能是因海底的火山熔岩流动物构成的,从太平洋洋底裂缝里喷出的熔岩会大大改变海水温度、空气压力、风向和水流,从而可以改变气候。

早在 19 世纪,地质学家就提出,火山喷发可以导致气候的变化,火山喷发时大量的二氧化硫等气体和火山灰喷至平流层,可停留数年,有时随风散布全球。一次猛烈的火山爆发会使平流层中颗粒数量猛增,1 平方英寸(6.4516 平方厘米)的气柱中约达 20 亿个颗粒。这种颗粒会使太阳光在到达地面并被地面吸收前,就反射回太空中,从而使地表变冷,气温降低,造成不正常的天气。例如,1815 年 4 月印度尼西亚坦博腊火山猛烈爆发,曾使全球一半地区第二年夏季气温变冷,影响农作物的生长。20 世纪 80 年代末期,菲律宾皮纳图博火山大爆发,喷出的火山灰达 2 万立方米,平流层形成了达 260 平方千米的烟云,很可能会影响将来气候的变化。

1980 年,位于美国华盛顿州的圣海伦斯火山再次大爆发,火山组成的巨大蘑菇云犹如氢弹爆炸一般,迅猛升上天空,飞向纽约地区,此次火山爆发的威力比投于广岛的原子弹大 500 倍。

重大火山灾害

世界上大的火山爆发造成巨大的火山灾害,也是屈指可数的。

1979 年 8 月 24 日,意大利维苏威火山爆发,毁掉并掩埋了庞贝城和赫莱尼厄姆市,造成 2000 多人丧生。被火山灰埋在地下的庞贝城,到 1960 年才基本重见天日。

1631 年,维苏威火山再次爆发,随后又发生地震和海啸,有 4000 多人丧生。

1669 年,意大利卡塔尼亚附近的埃特纳火山爆发,估计死亡数字高达 2 万人。

1783 年 6 月 8 日,冰岛斯卡普塔火山爆发,使冰岛 1/5 的人口死亡。

1815 年 4 月 5 日,印度尼西亚松巴哇岛塔博罗火山爆发,引起旋风和海啸,死亡人数达 1.2 万人。

1883 年,印度尼西亚巽地海峡克拉卡托火山爆发,使这个岛的 2/3 遭到毁灭。火山爆发从 8 月 26 日延续到 8 月 28 日,是当代历史上最大的一次火山爆发,造成 3.6 万多人死亡。

1902 年 5 月 8 日,西印度群岛马提尼克岛皮莱火山爆发,使圣皮尔市彻底毁灭,造成 3 万多人死亡。

1963 年 3 月 18 日,印尼巴厘岛上的阿贡火山爆发,迫使 7.8 万人逃离家园,1584 人死亡。

火山改造环境

火山爆发时浓烟滚滚,遮天蔽日,常伴随地震或海啸的发生,会给人类造成巨大的灾害。然而,当火山爆发时期一过,却可给人们留下宝贵的火山资源。

第一,火山是科学考察的天然宝库。火山爆发时,把地球深部的物质携带到地表,为地质学家了解地球深部物质提供了方便。

第二,火山岩中蕴藏着许多有用矿产,如黄金、玛瑙、冰洲石等宝石。火山灰中含钾很高,它可增加土地的肥力,是天上掉下来的钾肥。

第三,火山地区大多有丰富的水资源、温泉和地热资源,利用地热发电,是火山赐给人们的新能源;一些火山口湖和堰塞湖又可用来养鱼。

第四,世界上许多火山区,如日本的富士山,美国的黄石公园,意大利的维苏威,法国的维希等,都成了著名的公园和旅游疗养胜地。中国东北的火山区,如长白山、五大连池、镜泊湖等,具有壮丽的山峰,多姿的地貌,幽静的湖泊,奔泻的瀑布,稀有的矿泉、温泉。

要警惕氡气杀手

地球上的放射性主要由地壳上的岩石圈的铀系、钍系和锕矿岩中,分别衰变出的氡子体组成,也就是传媒中所说的"氡气"。地球岩石中的铀系、钍系和锕系,主要衰变出三种氡气,氡 222、氡 220、氡 210。它们的半衰期分别是3.83天、55.6秒、3.96秒。所谓对人类会构成伤害的花岗岩,主要是指其含衰变时间相对长的氡222。

氡气灾害是最近才发现的环境灾害,氡气是从铀衰变成镭,再从镭衰变而成,而含铀矿物多赋存于花岗岩等不同类型岩石、土壤和水中。在人们的生活环境中,氡气像幽灵一样游荡而危及人们的生命。

氡气本身及其部分衰变产品是辐射体。氡气在不知不觉中被吸入人体,破坏人体正常机能,破坏或改变含DNA的分子,蓄积起来,将导致肺癌或其他恶性肿瘤致人死亡。国外许多资料表明,99%的室内氡气来自土壤或奠基的岩石,还有的来自井水、建材。其浓度受室内外压力差、温度以及土壤孔隙等多因素的影响。

美国现有1200多家测量氡气的公司,技术并不复杂,一旦发现辐射剂量超量,就可采取防辐射措施。我国对于氡气尚未引起广泛重视,某些以花岗岩为基座的建筑超标严重。今后应开展室内普查,连续监测或取样,为预防和治理提供依据。

水困扰一些国家

近年来，地表水资源调查评价技术经验交流会，提供了有关地表水和地下水的数字：中国的年平均降水总量约为 6 万亿吨。全国河川多年平均径流总量为 26 300 亿吨。全国地下水资源总量约每年 8000 亿吨。中国的水资源总量，仅次于巴西、俄罗斯、美国等国，占世界第 6 位。然而中国人口众多，论人均淡水占有量，仅为世界人均占有量的 1/4，美国的 1/5。

同时，中国各地区自然条件差异较大，水土分布不均。长江以南耕地面积仅占全国的 1/3，而地表水量占全国的 76%，地下水量占全国的 60%。中国北方(主要是华北、西北)耕地面积占全国的 50%，而地表水量只占全国的 10%，地下水量也只占 20%。

另外，目前中国对水资源的开采利用不够合理，农业方面井灌布局失调，灌溉额过高，成井质量差，浅层地下水未充分利用；工业布局又不尽合理，城市发展缺乏规划，造成地下水的过量开采。

世界上因降水量过少，而引起水资源贫乏的国家很多，如亚洲西部的一些国家，还有非洲的大部分国家，都是缺乏淡水的国家。

黄河之水是黄色

中国第二条大河——黄河，发源于青藏高原巴颜喀拉山北麓的约古宗列曲，流经青海、四川、甘肃、宁夏、内蒙古、陕西、山西、河南、山东9省区，全长为5464千米，流经面积752 443平方千米。

据文献资料记载，黄河是世界上含泥沙量最多的一条河流，年平均输沙量16亿吨，然而，黄河之水是从何处变黄的呢?经科学工作者调查发现，黄

河源头处约古宗列曲到扎陵湖、鄂陵湖地段，河流多流经在基岩裸露的山区，水中含沙量很少，注入扎陵湖、鄂陵湖后沉淀变清，当从鄂陵湖排出时，河水清澈透明，但其到达的扎陵湖乡附近地段(距鄂陵湖出口的15~20米处)，分布着大面积第四纪松散沉积物，而且地高气寒，天气恶劣，变化无常，雨、雪、冰雹等极为充沛，形成了多条黄河支流，由于这些支流多流经在上述松散堆积物区，故水中携带的泥沙骤增，与其上游水流截然不同，据此段水文站1984年7月9日资料表明，黄河水中的输沙率为8.3千克／秒，其每立方米水中含沙量为7.51千克。根据资料和考察分析，科学工作者发现，当水流经到扎陵湖乡附近处(距鄂陵湖出口15~20千米处)，其水流混浊开始变黄，因此认为，黄河水就是从这里开始变黄的。

水污染严重

1950 年，在日本熊本县的水俣镇，发现了一种可怕的怪病，患者初期走路不稳，口齿不清，面部痴呆，重患者耳聋眼瞎，全身麻木，精神失常，有的身体弯曲，最后惨叫几声而死。人们经过近十几年的调查研究，才揭开怪病之谜。原来，水俣镇有家化工厂把含有甲基水银成分的废水倒入水俣湾，水质被水银污染。当人吃了被水银中毒的鱼虾和饮用水银污染的水以后，便得了这种怪病——水俣病。由于此病已经大面积蔓延，到 1973 年，已有 1000 多人死亡，可见其污染之严重了。

在各国工业发达的今天，工业污水排入江河湖海，是水污染的重要因素。近十多年来，全世界每年平均约有 4200 多亿立方米的工业污水排入江河湖海，污染 5.5 亿立方米的淡水，这相当于全球径流量的 14% 以上。世界卫生组织估计，发展中国家约 3/5 的人很难获得安全饮用水，约有 18 亿人由于饮用受污染的水而遭到疾病的威胁。发展中国家每年约有数以万计的人死于腹泻，其中大部分是儿童。

现在，地中海每年要承受污染物、矿物油 12 万吨的倾泻，还要接受 6 万吨洗涤剂、100 万吨汞、3800 吨铅、90 万吨杀虫剂、110 万吨磷、2500 居里放射物……

缺水造成的危害

以中国为例,目前中国 300 多个城市缺水量 54 亿立方米,全国约有 2/3 的城市、1/4 农田以地下水作为供水源和灌溉用水,后者占地下水总开采量的 81%,全国地下资源已严重超量开采,由于全国 80% 左右的污水未经处理直接排入水域,造成全国 1/3 以上的河流、90% 以上的城市水域污染,50% 以上的重点城镇水源地不符合饮用水标准。

由于大量围垦,不合理的施用农药化肥等,造成水生生态系统的破坏,淡水生物资源受到威胁,据统计,全国鱼虾绝迹的河流长达 2400 千米;湖泊数量在 30 年间减少了 450 个,且 26% 的湖泊富营养化。由于水污染严重,人口增加,用水量的急剧增多,造成中国水资源的奇缺。目前中国人均年用水量约 500 立方米,这比世界人均水平 800 立方米低 300 立方米。近 200 年来,中国北方平均两年一旱,旱灾后人畜

饮用困难,农作物大面积枯死,城市供水严重不足,工业生产受到极大影响,有人估计,近年来中国缺水量 200 亿立方米,直接间接造成经济损失达 2000 亿元左右;因为缺水,目前全国有 29% 的人口饮用不良水质的水,约 7000 万人在饮用含氟量高的深层地下水,造成氟骨病等疾病的蔓延;农村尚有约 55 万平方千米农田、93 万平方千米草场缺水,严重困扰着人民生活和经济发展。

开源节流

为解决世界淡水严重短缺的局面，各国科学家早在 1965 年就开展"国际水理学十年"活动。近年联合国又决定从 1981～1990 年为"国际饮水和卫生年"，号召各国积极行动起来，努力惜水节水和防治水源污染，寻找新的水源，以保证饮用水卫生和工农业生产的发展。

惜水、节水和防治水源污染是克服世界淡水短缺的积极措施。"节约用水"的口号近年几乎被大多数国家和地区采纳。一些国家，正在研究无公害的化工、造纸、印染、炼钢、炼铜，以及热处理等工艺。

解决世界淡水短缺的另一个办法是海水淡化。海水淡化，即把海水转化为淡水。海水淡化越来越受到人们的重视，到今天为止，蒸馏法、电渗析法、反渗透法等，已达到工业生产的规模。世界上严重缺水的一些富裕国家，如西亚石油输出国和欧美一些国家，已经确定将海水淡化作为取得淡水的重要途径。目前全球已有 7000 多座海水淡化装备，总装机容量达到 1300 万立方米。世界上海水淡化能力的 55% 分布在中东地区。海水淡化已成为中东地区，以及许多岛屿淡水供应的主要来源。海水资源取之不尽，用之不竭，潜力无穷。

中国有句成语叫作"开源节流"，海水淡化或向冰山索取淡水为之开源，但必须节约用水，否则全世界都将面临水荒。

南水北调工程

中国水资源在空间上的分布极不平衡，大体上是东多西少，南多北少，由东南向西北递减。长江流域年平均径流量近 1 万亿立方米，黄、淮、海河流域径流量约 1457 亿立方米，流域之间水量悬殊十分明显。中国北方那些半干旱半湿润地区需水极为迫切，跨流域调水则是解决水荒的一项重要措施。

南水北调工程是从水量充沛的长江流域向干旱缺水的北方诸流域输水的跨流域的大型调水工程。有东线、中线和西线三条引水线路。

东线工程从扬州附近的江都抽引江水，取水量为 1000 立方米／秒，年取水量为 300 亿立方米，沿线扩大了的京杭大运河逐级抽水北送，并连接沿线的高邮、白马、洪泽、骆马、南四、东平等湖，在山东位山附近与黄河立体交叉，穿过黄河引水隧洞，沿运河故道自流输水，经聊城、德州至天津，全线 1150 千米。

中线工程第一阶段，在三峡水利枢纽建成前，扩建汉江上游的丹江口水库，从水库引水沿伏牛山东侧经南阳，由方城缺口越过江淮分水岭，经郑州桃花峪穿过黄河，再沿太行山跨越漳河、滹沱河上源至北京。第二阶段是三峡水利枢纽建成后，从三峡引水入丹江口水库。

西线工程从通天河、雅砻江及大渡河上建高坝水库，通过引水工程自流或提水入黄河，该工程对西北地区的经济发展将起巨大促进作用。

城市水的治理

随着城市化的加速进展，已出现两个互相对立的事实：一是城市内致灾因素增强；二是城市抗灾能力降低。城市水灾害表现比较明显。城市的发展表现为住宅和公用建筑面积及油面道路的迅速增加。这意味着市区内透水地面减少，遇有较大降雨，雨水不能及时下渗，将导致地面径流迅速向低洼地区汇集，加重城市的内涝灾害，同时城区地下水得不到下渗雨水的补给，地下水位不断下降，再加上地面高层建筑物荷重的增加，使地面沉降加剧。为了减少城市水灾，许多城市都开展了以疏浚排水河道为主的治河工作，但是又往往忽略了另一个事实，即城市河道不同于一般河道，它除了排涝减灾的作用外，还具有其他多种功能，如为城市提供清洁的用水、美化环境、为居民提供安全的避难空间和文化娱乐空间等。目前随着城市经济的发展，许多城市已将市内河道治理提到日程上来，开始了治河及河道绿化带的建设。

城市水系综合治理规划，内容包括防洪、排涝、水资源调节、水质、环境、生态、空间、景观等多项目标；在城市建设的同时应当对所丧失的雨洪调节能力进行补偿，如在建筑小区开发的同时设置蓄水池、低花坛、低操场、低公园绿地等雨水调节设施，这样可以减少城市内涝灾害的发生，至少可以减轻其灾害发生的严重程度。

中国水患频仍

中国之所以水患频仍，有其地理上的基本因素。由于中国西部是一片广大的山区，长江、黄河、珠江等大河，都从此处发源。而在另一方面，中国大陆人口稠密之处，却又密布在沿江一带盆地，以及大河出海的冲积三角洲平原上，因此一旦遭遇 10 年、20 年，甚至 30 年、50 年一遇的特大暴雨，大水宣泄不及，就会泛滥成灾，而沿河盆地及下游三角洲人口稠密地区，首当其冲，损失会很惨重。因此，客观地说，中国大陆过去 2000 年来平均每 10 年发生一次洪水，有其天然地形的原因，实非人力所能克服。

不过，自 20 世纪 80 年代以来，中国大陆水患发生的频率急剧升高，几乎已达没有一年不发生水灾的地步，长江、珠江、淮河、黄河、辽河、松花江、嫩江等各大江河轮流泛滥，严重危害国家经济及人民生命财产安全，追究水患频率提高的原因，这与人为因素有重大关系。水患问题与生态息息相关，而生态问题的关键环节在于森林。古代，中国森林覆盖率达 49%，到了清初，覆盖率还有 26%。但从 18 世纪初开始，随着人口增长与垦殖规模扩大，森林被大量砍伐，林地被垦为农田，到了 20 世纪 40 年代，中国成为森林资源不足的国家。目前森林覆盖率仅有 13%。

三峡工程与环境

长江三峡水利枢纽工程，于 1997 年实现大江截流，2009 年工程全部竣工后，平均每年发电 650 亿度，将成为世界上最大的水电站。巨大的电能将为国家增加年工农业产值 2000 亿元，同时还解决了南水北调，中下游城镇供水，农业灌溉，水产养殖等水资源问题。

三峡工程竣工后，对局部地区气候有明显的调节作用，周边地区冬春季节月平均气温将增高 0.3℃～1.3℃，夏季降低 0.9℃～1.2℃，雾日增加约 2 天。冬季升温对柑橘、油桐等经济作物有利，夏季降温对重庆、重庆市万州区等地气候有所改善。

蓄水后，库水流速减小，水停留时间增加，有利于有机污染物的降解净化，改善下泄水质，但稀释扩散能力降低，将加剧库区城镇岸边的江水污染，对氮磷等营养物质有一定拦蓄作用。水库区浮游生物和底栖动物将有所增加，种类组成将发生变化；水库养殖水面扩大，鱼产量可望增加。

珍稀植物一般都分布在 300 米高度以上，对它的影响不大、水禽数量将有所增加。长江中下游平原是中国的"鱼米之乡"和工农业生产基地，三峡建坝后在减免中游地区洪涝灾害，减少洞庭湖淤积等方面将发挥重要作用。

三峡工程与景观

　　三峡工程正常蓄水位 175 米,水库长约 568 千米,水面约 1084 平方千米,其中淹没陆地面积 632 平方千米。淹没范围涉及湖北省的宜昌、秭归、兴山、巴东 4 县;重庆市的巫溪、巫山、奉节、云阳、开县、万县、万县市、忠县、石柱、丰都、涪陵市、武隆、长寿、江北、巴县 15 个县市。总共 19 个县市。

　　三峡水利枢纽位于西陵峡中段,距峡谷出口南津关约 34 千米,受蓄水影响的为三斗坪至白帝城长约 158 千米的三峡江段,即瞿塘峡、巫峡全部和西陵峡西段,以及白帝城以西至库尾江段,三峡建库后,11 月库水位蓄到 175 米,直到翌年 4 月水库运行范围为 175~155 米,整个峡区水位升高 100 米上下,对三峡景观有一定的影响。每年 5 月进入旅游旺季后,库水位因防洪需要降至 145 米,对景观的影响较小,如瞿塘峡两岸的山峰, 大部在海拔 1000 多米,"夔门天下雄"的壮观气势依然存在。巫山 12 峰高度也都在 1000 米上下,最享盛名的神女峰高 900 多米, 即使水位升高 40~50 米,也不致影响三峡两岸奇峰秀色和峭壁陡崖的美丽风光。由于三峡工程的兴建,还将出现"高峡出平湖"碧波荡漾的景况,同时还出现人工瀑布,巨大的建筑物, 这些都具有很高的观赏价值。

水就是生命

　　水是构成所有生物体的不可缺少的物质，占鱼类体重的 70% ~ 80%，占人体重的 70% 以上。水是所有生物新陈代谢都离不开的一种介质。如生物从外界吸收营养、需要通过水把营养输送到机体各部分，而在代谢中的产物又需要通过水排泄出体外。水是生物调节体温、散发热量、适应环境温度变化时不可缺少的物质。如炎热的夏天，动物出汗，植物大量蒸腾水分来调节体温、适应环境。另外，生命起源于水，月球上没有水，所以是一个死寂的球体。已经证实，在没有食物，只有水的情况下，人的生命可延续 20 ~ 30 天，而没有水 5 ~ 7 天就会死亡。

　　从水化学角度分析，水由氢和氧两种元素组成。在人体内水分子间结合成水分子团，水还能用氢键与体内许多物质结合，因而使水具有许多生理机能。首先从人体构成上来看，水是构成人体最多的物质。其次，人体内发生的一切化学反应都是在介质水中进行的，没有水，养料不能被吸收；氧气不能运到所需部位；养料和激素也不能到达它的作用部位；废物不能排出，新陈代谢将停止，人将死亡。

　　人体每天出入水量为：成人通过饮水、食物进入人体内水量约 2200 毫升，糖、脂肪、蛋白质氧化产生水约 300 毫升，每天人体内水量总计约 2500 毫升。人的生命需要优质的饮用水。目前发达国家将水处理成活化水或磁化水，取得良好效果。

残渣和悬浮物

在评价水质和水污染情况
时,要分析和测量残渣和悬浮物
成分、性质和数量,那么,什么叫
残渣和悬浮物呢? 在一定温度
下,将水样蒸干后所留物质就是
残渣。残渣包括溶解在水中的有
机物和无机物,不溶的沉降物和
悬浮物两大类。它可分为总残
渣、过滤性残渣和非过滤性残渣
三种。

总残渣是指在一定的温度下(如 103℃~105℃)将水样烘干至恒重
的固体物质。它包括悬浮物和溶解物两部分,是过滤性残渣和非过滤
性残渣之和,用毫克／升来表示。

过滤性残渣是指能通过过滤器,并于一定温度下(如 103℃~
105℃)烘干至恒重的固体物质。

非过滤性残渣指保留在滤器上并于一定温度下烘干至恒重的固
体物质。

悬浮物就是非过滤性残渣。大量的水力排灰、洗煤水、水力冲渣、
尾矿水中的悬浮物可造成河道淤积、河床提高或改道、冲压农田等。因
为悬浮物上往往吸附着有毒有害物质,所以将悬浮物作为水质感官性
状指标加以限制。我国工业三废排放标准中规定,悬浮物不得超过 500
毫克／升。水中悬浮物的危害很多。悬浮微粒既消耗大量水中溶解氧,
又可伤害鱼鳃,浓度很大时也可使鱼类死亡,水底生物死亡。

水体能自净

水体是一个生态系统，它对外界的影响具有一定的调节能力和缓冲作用，从而保持着生态平衡。水体的自净是通过物理净化、化学和物理化学净化、生物净化来实现自净的。

物理净化过程：污染物进入水体后，由于水流的湍流扩散而被稀释、混合，经过挥发、沉淀等过程，而使其浓度降低。化学和物理化学净化过程：进入水体的污染物，由于溶解氧的存在，水体内可发生氧化还原、化合、分解、中和等反应，以及络合、螯合、吸附和凝聚等作用，使污染物挥发、沉淀、变态和降解，从而降低了污染物的浓度和毒性。

生物净化过程：水体中存在各种各样的微生物群，在它们分泌的各种酶的催化作用下，使污染物发生各种生物化学反应。在水体表层因溶解氧较多，在好氧微生物的参与下，碳水化合物、脂肪和蛋白质等有机污染物被氧化分解为二氧化碳、水、硝酸根、硫酸根、磷酸根等无毒物，可作水生植物的养分而被吸收。在缺氧情况下，经厌氧微生物的还原作用，有机污染物可被降解，还原为氨、硫化氢而释放或成为难溶的化合物而沉淀，使水中污染物减少。

总体说来，水体的自净与太阳辐射、水温、酸碱度、水量、流速、浑度、污染物的浓度、性质、时间因素等有关。

水污染

进入水体中的某种物质、生物或能量，超过了水环境容量，降低了水的质量，或影响了原有用途，甚至破坏了生态平衡，直接或间接地对人类产生影响或危害，就叫水污染。我们通常所说的水污染包括下面三方面的含义：一是排入水

体的污染物超过水体的自净能力；二是排入水体的污染物浓度超过了本底值(在不受污染的情况下，处于原有状态的素质)；三是污染物数量达到了破坏水体原有用途的程度。

水污染的类型很多，如按污染物的来源不同可分为：生活污水污染、工业废水污染、农田排水污染、矿山排水污染、垃圾和废渣经雨水淋洗入水体造成的污染等。按污染程度分为：轻度污染、中度污染和严重污染；按水污染的性状可分为化学污染、物理污染、生物污染。

通常将水污染分为：悬浮固体物质污染、无机物污染(重金属污染，酸、碱、盐类污染等)，有机物污染(农药污染、石油类污染等)、富营养化(营养物质污染、化肥污染等)、热污染、放射性污染和病原微生物污染等。但水污染是综合性的因素造成的，只不过是以何种形式或物质为主而已。

水体中污染物大体上可有以下四类：无机无毒物、无机有毒物、有机无毒物、有机有毒物。

水污染的种类

病原体污染：生活污水、畜禽饲养场污水，以及制革、洗毛、屠宰业和医院等排出的废水，常含有各种病原体，如病毒、病菌、寄生虫。受到病原体污染的水体会传播病菌。

需氧物质污染：生活污水、食品加工和造纸等工业废水中，含有碳水化合物、蛋白质、油脂、水质素等有机物质，悬浮或溶解于污水中，通过微生物的分解消耗水中溶解氧，影响鱼类和其他水生生物生长。

植物营养物质污染：城市生活污水、工业污水中常含有大量的生物营养物质，这些营养物质包括磷、氮的化合物，以及硅、钾、维生素、微量金属元素和其他有机化合物，造成水库、内海等水域富营养化，促进藻类等浮游生物和水生植物的繁殖，出现水花和赤潮。藻类和水生植物死亡和腐败引起水中氧的大量减少，使水质恶化，鱼类大量死亡，最后使水体死亡，变成沼泽、旱地。

石油污染：主要发生在海洋，它危及鱼类、藻类、浮游生物生长，鸟类大量死亡。

热污染：工矿企业向水体排放高温废水，使水温升高，水中生物不适应而死。

放射性污染：核动力工厂排放的冷却水、向海洋投弃的放射性废物、核爆炸的散落物。

水体富营养化

富营养化是水体营养物丰富的过程，是一种特殊的污染形式。植物营养物有碳、氮、磷、硫、钾、钠、钙、镁、铁、铜、锌、锰、硼等多种元素及其化合物。而氮和磷与水体富营养化的关系最密切。磷的作用又大于氮的作用。自然界

中天然富营养化过程相当缓慢，但人为引起的富营养化过程较快，这是由于现代工农业的蓬勃发展的结果。据统计，1963 年世界工业固氮量(氮肥、硝酸等)约 3000 万吨，到 2000 年已达 1 亿吨。磷肥产量 1972 年为 2109 万吨。如果再加上豆科植物固氮量和其他工业生产的磷，那就更多了。

施入农田的氮肥被植物利用一般不超过 50%，极少数情况下超过 80%；磷肥由于是酸性肥料，被植物利用的就更少了。这么多未被植物利用的氮、磷，绝大部分被农田排水和地径流带入地表水体和地下水，再进入海洋，这样就使河流、湖泊、海洋水体富营养化了。

水体富营养化的危害是导致各种藻类迅速和过度繁殖，在水面形成密集的"水花""赤潮"，藻类死亡后，被微生物分解，使水中的溶解氧减少，而呈现一定的厌气状态，藻类的种类减少，蓝藻、绿藻大量繁殖，消耗大量的溶解氧，而且有毒，致使鱼类死亡。

地下水污染

地下水被污染的途径主要有以下几方面：一是未经处理的工业废水、生活污水直接排入渗坑、渗井、溶洞、裂隙中；被污染的地表水长期向地下渗漏等，都可污染地下水。二是工业废渣、生活垃圾经雨水淋洗，向地下渗透，可使地下水污

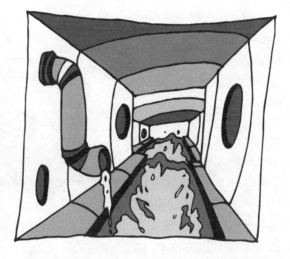

染。旧矿场、旧冶炼基地、废渣贮存场，造成今天地下水污染的事件，在世界和我国屡有发生。三是用污水灌溉农田，而渗漏入地下水。四是为了防止地面沉降，或采矿的特殊需要往地下注入被污染了的灌入水，直接造成地下水的污染。上海市地面沉降已有数十年了，解决办法采取回灌地表水，从而污染了上海市的地下水。五是在沿海地区过度开采地下水，使地下水位严重下降，海水倒灌，污染地下水。六是某些含有污染物质的矿床，通过地下水，可直接污染地下水。此外，地震、火山爆发等自然因素也会污染地下水。

地下水污染是一个缓慢而又长期的过程，往往需要几年、几十年或上百年才能发现，是难以预见的。一旦地下水被污染，是比较难治理的，造成的损失是惊人的。

废水处理方法

　　废水处理的方法较多，一般可归纳为物理法、化学法、生物法三类。同时三类往往配合使用，特别是工业废水的处理更是如此。

　　物理法：有沉淀、过滤、分离、浮选、曝气(曝晒)、吹脱、离子交换、结晶、热处理和反渗透法等。

　　化学法：有混凝、中和、氧化还原、电解、电渗析、萃取、气提、吹脱、吸附、离子交换法等。其中电解、萃取、吸附和离子交换法也称为物理化学法。

　　生物法：可分为好气生物处理和厌气生物处理两种。好气法比厌气法需要的时间短，一般处理工业用水多用好气法。好气生物处理法主要有活性污泥法、生物膜法、氧化塘法和污水灌溉等。

　　当前，世界上一些经济发达国家都把水的重复利用和循环回用作为节约水源、控制污染的重要技术措施。美国重复用水率从 1970 年的 36.8％，提高到 1975 年的 49％，增长了 12.2％，用水量减少，排污量也相应减少，这样就可以在保持工业发展的前提下，使工业废水排放量逐步下降，具有明显的经济效益和环境效益。

滑坡灾害

滑坡是山区、丘陵地区常发生的自然灾害。这是斜坡上的土体或岩体，受到河流的冲刷、地下水活动、地震和人工切坡等因素的影响，在重力的作用下，沿着一定的软弱面或软弱带，整体地或分散地顺坡向下滑动的自然现象。在中国的一些地区，也有把这种现象叫作"垮山""地滑""地移""走山"。

多数滑坡，特别是大规模的滑坡，会掩埋村镇、摧毁厂矿、破坏铁路和公路交通、堵塞江河、损坏农田和森林，给国家建设和人民的生命财产造成严重的损失。据文献报道，瑞士曾有5000多人丧生于滑坡之中，捷克1962年普查曾发生了1000个滑坡，毁坏350平方千米的耕地，1350平方千米森林。1958年日本调查了5584个滑坡，平均每年有400平方千米土地、7.89万间房屋受害。

滑坡的发生通常分为三个阶段：第一阶段，酝酿阶段或蠕动变形阶段。山坡上部先出现裂缝，接着裂缝下侧的土体发生缓慢位移，每月仅数厘米。这阶段历时较长，数年、数十年或数百年，伴有各种异常现象出现。第二阶段，突变或剧烈滑动阶段。斜坡上的大规模的土体或岩体快速下滑，一般每小时下滑数米至数百米，甚至数千米，形成灾害。第三阶段，残余变形或渐趋稳定阶段。岩体或土体下滑停止，最后完全稳定下来。

滑坡的成因

滑坡发生的内在因素有地层性质、地质构造等。在地层性质方面，有的斜坡由软弱岩石组成，如由页岩、泥岩和其他各种地表覆盖层—黏土、碎石土等组成，这些土石体的抗剪强度比较低，很容易变形和发生滑坡；有的则由土体组成，例如黏性土、黄土、类黄土和各种成因的松散、松软沉积物，都很容易形成土状或泥状的软弱层，易产生滑坡。

在地质构造方面，一是断裂破碎带为滑坡提供了物质来源。二是各种地质构造结构面，如层面、断层面、节理节、片理面和地层的不整合面等，控制了滑动面的空间位置和滑坡的周围边界。三是控制了山体斜坡地下水的分布和运动规律等。

发生滑坡的外在因素有：降雨、融雪和地下水位，人为的因素、地震的影响等。其中降雨和融雪的渗透水作用，是产生滑坡的最主要外因，一般对滑坡可起到诱发或促进作用；人类工程，兴建土木或其他工程施工而引起滑坡，受到大自然的无情"报复"，此外，地震活动也是诱发滑坡的重要因素之一。我国 20 世纪 70 年代频繁发生的地震，都曾经引起过许多滑坡。

滑坡防治

　　滑坡与山崩、泥石流一样，危害性相当大，在各种自然灾害中，滑坡和泥石流对于经济建设和人民生命财产所造成的损失，仅次于地震。1983年3月7日下午5时40分，甘肃省东乡族自治县的洒勒山南坡，突然发出一声"轰隆"巨响，亮起一道耀眼的闪光，1700米宽的巨大山体，带着刺耳的呼啸声，迅速向山下滑泻，数千万立方米的黄土沙石，以每秒30米的高速度，扑向山脚。顷刻间方圆3千米的新庄、若顺、达浪和洒勒4个村庄，全被覆埋。

　　滑坡现象广泛分布于中国西南、西北、华东等山区和丘陵地带，及煤矿、公路、桥梁及工程建设中。调查和研究滑坡的目的是避免滑坡灾害对人类造成损失，或使其损失降低。由于滑坡的整治投资大、费时长，而且常影响工程施工的安全和工期，因此对于大型的滑坡，一般都采取工程绕避的原则。但是对于无法绕避的滑坡，我们要进行技术经济比较，当确认技术可能、经济合理时，即可对滑坡进行综合治理。反之，我们宁可将工程搬迁。所以对于滑坡是绕避还是防治，关键是要确定滑坡的大小、滑坡的运动特征、滑坡对工程危害的程度，处理滑坡的技术可行性，处理滑坡的经济合理性，以及工程本身的重要性。

泥 石 流

泥石流是产生在沟谷中或斜坡面上的一种饱含大量泥沙、石块和巨砾的特殊山洪，是高浓度的固体和液体的混合颗粒流。它的运动过程介于山崩、滑坡和洪水之间，是各种自然因素（地质、地貌、水文、气象等）或人为因素综合作用的结果。

泥石流爆发突然，历时短暂，来势凶猛，具有强大破坏力。泥石流与一般洪水不同，它爆发时山谷雷鸣，地面震动，浑浊的泥石流体，仗着陡峻的山势，沿着峡谷深涧，前阻后拥，冲出山外，往往在顷刻之间给人们造成巨大的灾害，财产和生命毁于一瞬之间。

当泥石流爆发时，先听山中巨响，随后浓烟腾起，接着泥石流像一条黑色巨龙，奔腾咆哮，破山而出，只见巨石翻滚，黑浪飞溅，石块撞击的声音雷鸣般地响彻山谷。泥石流的前锋是一股浓浊而黏稠的洪流，其中泥沙石块等含量高达 60%～80%，形成泥石流的"龙头"，它以几米至十几米的高峰，倾泻而下，小石块（直径 1 米以下者）在泥浆中翻滚移动，而大石块（直径 2～5 米以上者）则像航船一样在泥浆上飘浮而下。

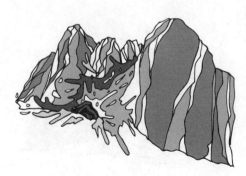

泥石流的侵蚀、搬运、冲刷能力很强，堆积过程很快。能将数十、数百吨的巨石从山里搬出山外，以惊人的破坏力摧毁前进途中的一切建筑物，埋没农田、森林，堵塞江河，冲毁路基桥涵和灌溉渠道，毁坏村庄农舍。

泥石流灾害

　　泥石流在地球上分布很广泛，除南极洲外，六大洲都有泥石流的踪迹，有60多个国家和地区受到泥石流的危害。世界上泥石流最活跃的地区，是北回归线至北纬50度之间的地区，如阿尔卑斯山—喜马拉雅山系，环太平洋山系，欧亚大陆内部的一些山系等，其次是拉丁美洲、大洋洲和非洲的某些山区。

　　中国是世界上有名的多山之国，山地面积占全国国土总面积的2/3。由于受岩层断裂和褶皱的影响，导致山体失稳，岩石破碎，地形陡峻，再加上季风气候和丰富的水源条件，使我国成为世界上泥石流分布广泛，危害严重的国家之一。在我国境内黄土高原、天山、祁连山和昆仑山的山前地带、秦岭、太行山地区、北京西山，辽宁西部山区和吉林长白山地区有泥石流危害，中国西南的横断山地区、西藏东南部、滇西、滇东北和川西山区，更是频繁爆发的典型泥石流分布区，甚至东南沿海地区，也有泥石流灾害发生。

　　从1949年到20世纪80年代，中国仅铁路沿线造成严重破坏的泥石流灾害就有170多起。20世纪50年代32起，60年代40起，70年代76起，80年代和90年代都达到100余起，有明显严重的趋势。我国山区（除台湾外）铁路沿线，发现泥石流1010条，其中大部分都集中在西南和西北的铁路沿线上，约占泥石流总数的95%，危害很大。

泥石流的形成

泥石流的形成受多种自然因素的影响，归结起来：丰富的松散固体物质来源，有利的地形地貌条件，充足的水源和适当的激发因素，是形成泥石流的三个基本条件。人为活动对某些泥石流的发生和发展，也有着不可忽视的影响。

泥石流不同于其他水流，在于它含有大量固体物质，因此，储存松散固体物质的场地，就成为泥石流的发源地。固体物质的成分、多少和补给方式，决定了泥石流的类型、性质和规模大小。泥石流沟群常集中分布在一些深大断裂构造及它的附近地段，此外，背斜轴部的断裂附近、岩层软硬相间、向一个方位倾斜的单斜构造地段，由于岩层破碎，往往是提供泥石流固体物质的场合。

强烈地震也是泥石流固体物质快速、大量聚积的重要因素。重力作用形成的滑坡、崩塌、错落等，加上水流所引起的冲沟、沟岸坍塌等以及水土流失，也都对泥石流固体物质的集聚起到重要作用。

陡峻和高差很大的地形，是形成泥石流的地形条件。坡面地形是泥石流固体物质的主要源地之一。沟谷地形是泥石流的集散地，是固体物质积零成整的储备区。

充足的水源，特大的暴雨是促使泥石流爆发的主要条件，连续降雨后的暴雨，是触发泥石流的特别重要条件。

滑坡的诱因

在自然界发生的无数起滑坡、泥石流灾害中,有些是自然地质作用的产物,也有相当数量是由人类不合理的工程经济活动引起的,是大自然对人类的一种"报复"。

在中国滑坡、泥石流频繁发生的地区,几乎到处都可以看到人为活动触发滑坡、泥石流的例子。在云南东川和四川西昌泥石流分布区,在一二百年前,那里林木繁茂,一片青山绿水。后来由于大量砍伐森林,两地变成了光山秃岭,生态失去平衡,坡面水土流失,崩坍、滑坡、错落活动迅速发展,终于导致了泥石流的猖獗。

在陕西的山阳县,由于水土流失严重,泥石流频繁发生。在陕西镇安县、柞水县,由于劈山开路,公路修成了,泥石流也随之不请自来,危害人民生命财产的安全。

在山区的铁路建设中,各种工程活动破坏了原来斜坡的稳定性,从而导致了滑坡、泥石流的发生。成昆(成都—昆明)铁路全线共 183 处滑坡,属于工程建设引起或复活的老滑坡有 77 处之多;全线有大小泥石流沟 141 条,其中有 28 条沟谷由于人们的工程经济活动引起了泥石流。

因矿山开发和水库建设而引起滑坡、泥石流的事例也屡见不鲜。辽宁阜新海州露天煤矿多次发生滑坡,压煤 1000 多万吨,就是矿山采掘违背客观地质规律,受到大自然报复的实例。

地面沉降灾害

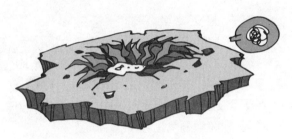

　　地面沉降常常是由于城市区大量开采地下水或石油、天然气而引起的。许多缺水城市,过度开采地下水超过了水源的自然补给能力,导致地下水位下降,引起城市地面沉降。

　　世界沉降值最大的是墨西哥城,该城兴建于1325年,在长期抽吸地下水的影响下,在1820~1960年间,其地面沉降值已达6~7米。目前日本一些城市,地面下降约每年19~33厘米。东京下沉面积已达310平方千米,江东地区下沉了3米,形成了低于海平面的"零米地带"。大阪的模山地区下沉也超过1米;美国地面下沉最著名的加州地区每年下沉约6.4厘米,纽约近15.2厘米。1968年水城威尼斯市的地面下沉几乎导致圣马可教堂的崩裂。此外,俄罗斯的莫斯科、格鲁吉亚的第比利斯、英国的伦敦、泰国的曼谷等都有不同程度的地面下沉问题。

　　中国的上海市从1921年地面开始下沉,到1965年,在上海市区和近郊地表形成了一个碟形沉降洼地,最严重地区下降了2.37米。天津市自从1959年发现地面下降,至1980年最大累积沉降量达1.33米。

　　地面下沉造成建筑物的不均匀下沉、开裂或倒塌,其他公用设施,如各种管道的折裂、漏水、漏气、漏电,以及桥梁毁坏。沿海地区还会引起海水倒灌,由此造成巨大的经济损失。

长江流域"火炉"多

重庆、武汉、南京,号称"长江三大火炉"。据历年统计,"三大火炉"中,"炉温"最高的是重庆,最高温度在 35℃ ~40℃的天数,每年平均 33.8 天,40℃以上的天数,平均在 13.7 天,极端最高气温为 44℃;武汉  居第二,最高气温每年平均为 22 天,40℃以上为 4.5 天,极端最高气温为 41.3℃;南京排行第三,炎热日数 17.1 天,酷热日数 3 天,极端最高气温比武汉要高,为 43.6℃。此外,还有许多中小"火炉",如重庆涪陵区、重庆万州区、九江、安庆、芜湖等,它的"炉温"并不比"三大火炉"逊色。如今杭州、南昌、长沙等大城市也已加入"火炉"行列了。长江流域夏日高温天气多的原因,有地质地理因素、气候因素,还有人类活动等的因素。

第一,由于西太平洋副热带高压和青藏高原控制的结果。每年 7 月以后,长江流域雨区北移,梅雨结束,全区被副热带高压控制,气流下沉增温,造成干热天气、太阳辐射如火。

第二,盆地、谷地地形是高温天气集中的重要因素。重庆、南京、武汉、南昌、长沙、合肥等城市,均为中生代红色盆地,四面有高山环绕,地面散热困难。

第三,长江流域水田遍布,湖泊众多,广阔水面使空气温度增大,伏旱期间,地面向大气辐射的热量被水汽吸收而返回地面,致使地面气温不断上升。

第四,城市扩大,人口增多,"城市热岛效应"和"温室效应"是城市夏日炎热的重要因素。

癌症与地质环境

据世界肿瘤流行学调查证明,癌症有一个显著的特点,就是它和其他地方病一样,具有一定的区域性分布。如食道癌的高发区,主要分布在伊朗、印尼和非洲等地区;肝癌多分布于东南亚和南非地区,而欧美较少。就国内而言,各种癌症,也有明显的区域性分布。比如胃癌,主要分布在青海、宁夏、甘肃、西藏、江苏、吉林和浙江等地区,肝癌主要分布在东南沿海一带,食道癌主要分布在太行山地区南端等。

癌症的分区性,揭示了各地的地质条件不同,如组成地壳的岩石种类不同,所含各种元素的种类和含量不同,导致水圈、生物圈、大气圈各种化学元素含量分布的极不均一性,当某些地区出现某些化学元素含量的过高或过低,而且这些异常元素又通过"食物链",或呼吸进入人体时,就会使人体致病或致癌。例如,已证实镍属强致癌物质,一般可导致咽癌、口腔癌、直肠癌等。而且这些癌症的发病率与人体生活环境中的镍含量成正比关系。我国河南省林县地区,由于水土里缺乏微量元素钼,造成粮食中含硝酸盐与亚硝酸盐过高,导致该地区食道癌发病率高。又如中国肝癌发病率高的地区,正与中国东南沿海一带花岗岩分布有关。

大地震动的原因

地震是地壳的局部地区发生快速的颤动。它是由于地壳运动或岩浆活动使地壳内部聚集巨大能量突然释放而产生的。关于地震是怎样产生的问题，现在有两种流行的假说：断层成因说和岩浆冲击成因说，人们认为，前者更有说服力。断层成因说认为，地球表层的岩石圈是由几大板块拼成的。板块与板块之间由缝合线彼此连接。最初，人们把全球分为6大板块，即亚欧板块、非洲板块、美洲板块、太平洋板块、南极洲板块、印度洋板块。后来又从中分出16个小板块，如中国板块、土耳其板块等。每个大板块都由几个小板块组成。

地球表层的每个板块都在软流层上做整体运动，就像南极的巨大冰山在海洋中运动一样，每当两板块相碰撞时，一块被压入另一块下面，被迫向下俯冲，深度可达700千米（地幔处），另一块则向上仰冲，升腾成为高山峻岭。

随着板块连续不断运动，断层两侧的岩石因相互抵住而慢慢出现了变形，能量积聚到一定程度，就会发生地震。一旦地震发生，两侧岩石错位后又恢复到未变形时状态，这就是较浅的地震。不久前台湾花莲地震就属此类型。在软流层循环系统的汇聚区，较冷的地壳岩石层板块插入温度较高的软流层中，会发生弹性断裂，形成较深的地震。这就是多数大地震都发生在地壳板块边缘的断层上的原因。对于岩浆冲击说比较重视的是火山较多的地区，火山爆发引发地震。

世界两大地震带

地球上地震主要集中分布在环太平洋地震带和喜马拉雅—地中海地震带。太平洋东岸地震带：北起北美洲的阿拉斯加，往东南沿加拿大和美国的西洋岸，经墨西哥至巴拿马，再往南到南美洲大陆西海岸的哥伦比亚、秘鲁和智利。太平洋西海岸的地震带：北自阿拉斯加向西南，沿阿留申群岛，经千岛群岛、日本群岛到我国的台湾，再往南经菲律宾、印度尼西亚至新西兰。

喜马拉雅—地中海地震带西起大西洋亚速尔群岛，经地中海、希腊、土耳其、印度北部，我国西部和西南地区，过缅甸至印度尼西亚与太平洋地震带相遇。环太平洋地区，地震活动性最强，也很频繁，很多大地震都产生在这里，地震次数占地震总数的 80%～90%，同时也是火山分布最多的地区，全世界 90% 以上的活火山都分布在环太平洋的岛弧上。太平洋四周断续的火山带，构成了世界上有名的"火山圈"。地震和火山为什么会集中在这里？从地壳构造来看，无论是太平洋地震带，还是喜马拉雅—地中海地震带，都处于板块与板块之间的接触带上，这里断裂较多，是地壳薄弱带，经常突然发生破裂和错动，造成地震。

中国地震频繁

中国是一个多地震的国家。从公元前 1831 年我国最早的地震记载以来，至今共有地震记载 1 万余次，其中里氏 6 级以上的破坏性地震达 800 多次。仅 1901～1969 年就有里氏 6 级以上的地震 476 次，平均每年达六七次。近年来中国又连续发生了多次里氏 7 级以上的大地震，如 1966 年 3 月河北邢台地震，1969 年 7 月渤海湾地震，1970 年 1 月云南通海地震，1972 年 1 月台湾地震，1973 年 2 月四川甘孜地震，1974 年 5 月云南昭通地震，1975 年 2 月辽宁营口和海城地震，特别是 1976 年，先后在云南龙陵潞西一带、河北唐山丰南地区，以及四川松潘平武地区，发生 6 次里氏 7 级以上的大地震，1994～1996 年中国发生了 4 次里氏 7 级以上大地震，1999 年台湾花莲发生里氏 7.6 级以上地震等，不一而足。

为什么中国地震这么频繁呢? 这同我国所处的地理环境及地质构造特点是分不开的。中国正处于世界两大地震带(环太平洋地震带和喜马拉雅一地中海地震带)中间，被两大地震带所包围，地壳运动十分活跃。中国东部广大地区，受太平洋一带地壳构造运动的强烈影响，形成了北北东方向延伸的构造带，因而地壳运动活跃，地震活动频繁，而台湾本身就是环太平洋地震带的一部分。

中国西部和西南边界是喜马拉雅一地中海地震带所经过的地方，它是欧亚大陆最主要的地震带，因而地震活动强烈。

震级和烈度

人们通过感觉和仪器察觉到地面发生了振动，这就是地震发生了。强烈的地面振动，即强烈的地震，会直接和间接造成破坏，成为灾害。凡是由地震引起的灾害，都称为地震灾害。

震源、震中、震源深度：我们把地球内部发生地震的地方叫震源，将震源看作一个点，此点到地面的垂直距离叫震源深度。震源在地面上的垂直投影点叫震中。

震级、烈度、灾度：震级是按一定的微观标准，表示地震能量大小的一种量度。它是根据地震仪器的记录推算得到的，只与地震能量有关。烈度是指地震对广大地面产生的实际影响，即地面运动的强度或地面破坏的程度，烈度不仅与地震本身的大小(震级)有关，也与震源深度、离震中的距离及地震波所通过的介质条件等多种因素有关。灾度是用来评估自然灾害本身造成的社会损失的度量标准。

地震活跃期指地震活动相对频繁和强烈的时期。地震活跃期是相对地震平静而言的，它只是一个相对的概念。在中国华北地区，出现6级地震频繁活动，就标志着华北地区地震活动进入了活跃期。地震活跃期在各地经历的时间长短也不一样，华北和华南地区约200年，天山地区约100年，青藏高原约几十年。

朔望日的地震多

农历的初一称为"朔",十五称为"望"。我国一些地震区有这样的经验,在农历初一、十五及其前后几天内,常发生地震。查一查地震记录,确是如此。如1966年河北省邢台地震,最大的一次发生在农历三月初一,还有一次发生在农历二月十七;1976年7月28日唐山大地震,正是农历七月初二;1993年9月30日印度地震是农历八月十五日中秋佳节时发生;1990年2月10日凌晨1点57分,江苏省常熟市和太仓交界处里氏5.1级地震,正是发生在农历正月十五的元宵佳节。显然这些都不是偶然的,而是有其内在的必然联系的。

这里有什么道理呢?目前还不能说得很清楚,但可以看到的一点是,太阳、月亮这些天体,对地球都是有吸引作用的。特别是月亮,它的引力不仅能使地面容易流动的海水发生潮汐现象,古人有"海上明月共潮生"和"涛之兴也,随月盛衰"之说。同时也能使固体的地壳发生和涨潮落潮类似的变化,形成所谓"固体潮"。初一(朔)、十五(望)是太阳、月亮、地球排成一条直线的时候,这时太阳和月亮对地球的引力最大,在地壳已临近断裂的部分,这种外来的力量虽然不大,但其微小的变化也有可能使之触发而产生破裂,造成地震。

第五地震活跃期

中国的地震，最突出的特点是地震活动高潮(活跃)和低潮(平静)交替出现，表现为一定的周期性，又形象地比喻为平静期和活跃期。在每次活跃期中均可能发生十多次里氏7级以上、甚至里氏8级左右的大地震。

20世纪初以来，中国已经历了4次地震活跃期：第一次为1895～1906年，里氏7级以上大地震为10次左右；第二次为1920～1934年，死亡人数为25～30万，里氏7级以上大地震为12次；第三次为1946～1955年，因主要发生在青藏地区而死亡人数为1~2万人，里氏7级以上大地震为14次；第四次为1966～1976年，死亡人数为27万，里氏7级以上大地震为14次。20世纪80年代后期到21世纪初期，我国大陆处于第五次地震活跃期中：1984年中国共发生里氏5级以上地震11次，最大为里氏6.2级，1985年中国发生5级以上地震25次，其中里氏6级以上有6次，最大震级为里氏7.4级，1999年台湾发生里氏6.9级地震。

中国地震活动具有频度高、强度大、震源浅和分布广等特点，因此是一个震灾比较严重的国家。自1900年至今，中国死于地震的人数达55万之多，占全球因地震死亡人数的53%，自1949年至今，100多次破坏性地震袭击了22个省(区、市)，其中东部地区涉及14个省，地震成灾面积达30多万平方千米。

火山活动与地震

世界上有些地震是火山活动造成的，人们称这种地震为火山地震。它约占地震总量的 7%。

火山爆发就像在地下进行爆破一样，当然会使大地产生震动，规模一般比较小，很少有强震发生。因为有的火山爆发所拥有的能量和一次大地震释放出的能量差不多，它所能造成的震动也是不小的。如1914 年日本樱岛火山爆发，具有的能量达到 $4.6×10^{25}$ 尔格，产生的震动则相当于一个里氏 6.7 级地震。

火山爆发前后都会有地震发生。因为在火山爆发前，大量岩浆已在那里的地壳中聚集膨胀，既可以使岩层产生新的断裂，又可以促使那些原有的断裂再次发生变动。火山爆发后，大量岩浆迅速喷出地壳，地下深处的岩浆来不及补充，于是留下空间，那里的岩层就会塌陷，产生断裂，造成一些规模很小的地震。

火山活动可以造成地震，地震也可引起火山活动。如在智利，每逢特大地震发生后不久，常有火山爆发。从世界范围看，多火山的地区，一般也是多地震的地区。

水库诱发地震

1929 年,希腊在阿里洛斯河上修建了 63 米高的混凝土重力坝,建成一座中等规模的马拉松水库。当年 10 月水库开始蓄水。不久一位在水库工地作监测的工程师奇怪地发现,每天夜幕降临,躺到床上休息时,就会感到大地在微微颤抖,并不时发出闷雷似的响声。3 个月后,随着库内水位的增高,一次房

毁人亡的 5 级地震发生了。后来证实,水库诱发地震在世界各地都有例子:赞比亚卡里巴水库、希腊克里马斯塔水库、阿尔及利亚乌德福达水库、美国米德湖水库、苏联努列克水库,都相继诱发过里氏 6 级以上的破坏性地震。

水库诱发地震是如何产生的呢?水库蓄水后,地表水大量积聚,同时引起地下水位急剧升高,正是这丰富的水对地震产生了诱发作用。

首先,水库荷重引起库区岩体变形和沿断层等尖锐几何界面产生应力集中。

其次,库水渗透增加了岩体孔隙压力,导致断层面的有效应力减小和抗断强度降低。

最后,是库水使库区岩体发生崩解、溶蚀等物理化学变化,使断层面软弱化、滑润化。

水库诱发地震还有两个前提:一是蓄水荷载对库地产生静压力,使岩层产生位移而发生地震;二是水库本身修建在地质构造条件复杂,岩石比较软弱的易透水地层。

人类活动与地震

由于人们进行经济建设而采用的各种活动,如修公路、铁路、水渠、修厂房平地基的人工爆破,勘探地下石油、天然气等矿产资源的地震勘探,打坑道、竖井、平巷等开采掘进,向地下注水、回灌等,甚至汽车、火车的行驶等,都能使大地发生震动。这也是地震的一种类型,称为人工地震。

人工地震一般不会对我们造成多大损害,但对那些要求高度稳定的某些精密设备、精密仪器是有不利影响的。特别是某些大当量的地下核爆炸,影响就比较明显了。

人类活动除了直接造成大地的震动外,还可以触发某些断裂变动,间接造成地震。如在地下核爆炸中发现,爆炸可以引起岩层中原有断裂的重新错动,因而,在爆炸停止后相当长的一个时期内,往往有一系列较小的地震持续发生。地壳中的断裂很多,那种裂缝两边有相对位置错动的断裂,叫作断层。岩石中的这些断层当受到外界的激发时,要重新活动,这就是造成人工地震的前因后果关系。

人造湖泊——水库蓄水后有时也会触发地震,向油井里注水后,也有触发地震的现象。不过这些被触发起来的地震,仍属于天然地震。在这里,人的活动如同天气变化等自然变动一样,不过是触发的原因。

地震有前兆

地震和其他事物一样,从量变到质变,有一个孕育、发生、发展、消亡的过程。因此,地震有征兆可寻,端倪可察。从许多地区地震活动情况来看,即使是三级左右的地震,在震前也有不少宏观现象。所以,不管是震区内有无设立地震台站,区内的一切国家工作人员,广大地质工作者、全体百姓都应随时观察、收集地震宏观前兆,加以综合、研究,作出符合客观的判断,采取正确有效的防震措施,减少损失。

在农村,震前动物有前兆:牛羊骡马不进圈,鸡飞狗狂叫,鸭不下水,猪拱圈,兔子竖耳蹦又撞,鱼儿惊惶水面跳,黄鼠狼哀号,大的背着小的跑……

在城市,白天蝙蝠满院飞,金鱼尖叫跃缸外,鸽子惊飞不回巢,老鼠机灵先跑掉。地下钢筋冒火花,关闭或卸下的日光灯依然奇怪地亮着……

在海边,海涛发出动人心魄的喧响,大群蜻蜓栖于船舱、船舷、桅杆和灯上,任人捕捉驱赶不飞逃。一大群蝴蝶、蝗虫、蝼蛄、蝉、麻雀和小鸟避难聚会于海轮或海船顶,一动不动,也不欺强凌弱……

在农村的山中,震前有时夜半出现地光,横亘空际,久而不散;在城市,地光是一个大火球,从地底下钻出来,通红刺眼,噼啪乱响,飞到半空才灭;在海边,地光呈色彩绚丽的光带,就像一条金色的火龙。

地震可以预报

地震和风雨等自然现象一样，都是可以预报的。因为在发生地震以前，大地会发生宏观和微观的变化，人们根据这些变化，就可以预报地震将在何时、何地，发生多大震级。

地震前兆有微观现象和宏观现象两种。微观现象是人直接感觉不出来，但用仪器可以测量和记录到的现象。例如：地壳形变、地应力异常、地倾斜、海平面变化、地下水化学成分变化、地温、地磁、地电、地震波传播速度的变化等。宏观现象是人可以直接感觉到的异常现象，例如：人们凭眼睛、耳朵、鼻子感觉到的变异，动、植物习性的变化、天气反常、地下水位变化、地声、地光等。地震工作者在某一地区观测到各种地震前兆后，综合当地的地质构造特征，历史上地震发生的规律等，进行全面研究，从而作出地震预报。

地震预报有中长期预报、短期预报和临震预报等几种：中长期预报包括预报某一地区几个月至几年内，可能发生地震的中期预报，以及几年至几十年内，甚至上百年内可能发生的地震的长期预报；短期预报，则是预报某一地区几天至几十天，甚至几个月内可能发生的地震时间、地点和震级；临震预报则是预报某一地区几天内可能发生地震，要求快速、及时、准确预报具体地点、时间和震级。

大气圈的圈层

大气圈是包围在地球外面的大气。根据大气的物理性质的不同，大气圈自下而上可分为对流层、平流层、中间层、电离层和扩散层。其中对流层和平流层对地面影响较大。

对流层是大气层最下面一层，因大气具有明显的垂直对流运动而得名，质量约占大气圈的 79.5%。水蒸气几乎全部集中在此层，主要成分氮、氧、二氧化碳，水蒸气和微尘。就在这一层里，风云变幻，气象万千，是天气活动的大舞台。在此层里温度随高度而下降。

平流层在对流层之上，直到 55 千米的大气层，空气稀薄，水汽尘粒极少，气流平稳，万里晴空，此层空气只有水平方向的流动，故称平流层。这层的特点是含臭氧。约在 40 千米高度臭氧含量最多。太阳紫外线绝大部分被该层吸收，使空气变为高温带。大部分流星在平流层内发光。

平流层以上，空气更加稀薄，到 270 千米高空，密度仅为地面的 1/100，在紫外线和宇宙射线作用下，氮、氧、氢分子电离化，温度往上逐渐升高，极光就发生在这里。再往上到 500 千米以上，地球引力影响很小了，大气部分质点向太空自由扩散，与星际空间已无明显界限。

空气与人类生存

人类生活在空气的"海洋"里，每时每刻都离不开空气，因此说空气是人类生存的第一环境要素。

一个成年人，每天呼吸2万次左右，吸入10～12立方米的空气，也就是13～15千克重的空气，相当于一天所需食物和饮水的5～10倍。一个人在5周内不吃饭，5天内不喝水，还能维持生命，但若断绝空气5分钟就会死亡。因此说，空气对人的生存比任何东西都重要。

人吸入空气主要是需要其中的氧气。空气通过鼻、咽喉、气管、支气管进入肺泡，经物理性扩散，进入气交换。交换过程是：血液通过肺泡的毛细血管时，把二氧化碳丢弃在肺泡内，并在此吸收氧气，即血液中的血红蛋白与氧气结合，然后由血液输送到全身各组织和细胞，参与各种生化反应和代谢过程。同时，细胞又将二氧化碳送入血液中，由血液再输送到肺内进行交换，将二氧化碳排出体外。成人肺泡膜总表面积约为50平方米，约相当于人体表面积的25倍，因而能进行大量的气体交换。

但是，由于吸入的空气量大，尽管空气中的污染物质浓度很低，也可引起积累性毒性效应，这在制定大气质量标准时，具有重要意义。空气中常见的几种主要污染物如颗粒、硫化物、铅、一氧化碳等，对人体的毒性效应及危害很大。

大气污染

由于自然和人为的过程，改变了大气圈中某些原有成分和增加了某些有毒有害物质，致使大气质量恶化，影响原来有利的生态平衡体系，严重威胁着人类健康和正常工农业生产，以及对建筑物和设备财产等的损坏，这种现象称为大气污染。混入大气中的各种有害成分，称为大气污染物。

随着人类经济活动和生产的迅速发展，在大量消耗能源的同时，将大量废气、烟尘杂质排入环境大气，严重地影响了大气环境质量，尤其在人口稠密的城市和大规模排放源附近更为突出。

在国外，大气污染经历了煤炭烟气污染、二氧化硫污染和光化学烟雾污染三个大的发展阶段，有人称之为大气污染的祖孙三代。这是由于不同历史时期的能源结构不同所造成的。这说明了随着能源结构的变化，大气污染的种类也有所变化或发展。现在一般大气污染分为煤炭型污染、石油型(包括排气型和联合企业型)污染、混合型污染和特殊型污染4大类。

煤炭型污染主要是烟气、粉尘和二氧化硫以及后期经化学变化所形成的硫酸等污染；石油型污染主要由二氧化氮、烯烃、羰基化合物、烷、醇和臭氧、氢氧基、醛、酮等的污染；混合型污染，即煤和石油的污染；特殊污染是向大气排放有毒物质造成的局部污染。

大气污染物

自从人类大量用煤作燃料以后,大气污染的现象就存在了。产业革命促进了工业的发展,煤的消耗量急剧增多,工业区和城市的大气严重地受到了烟尘和二氧化硫的污染。自20世纪40年代以来,工业国家燃料消耗量持续增长。石油代替煤成为主要燃料,烟尘污染虽然有所减轻,但二氧化硫的污染仍在继续发展。城市中大量使用汽车,排出的废气含有氮氧化物和碳氢化合物,造成光化学烟雾污染。大气污染物类型:

颗粒污染物:进入大气的固体粒子和液体粒子,都属于颗粒污染物。有尘粒——粒径大于75微米的颗粒物;粉尘——粒径小于75微米的颗粒物,其中粒大于10微米的称为降尘,1~10微米的称为飘尘;烟尘——粒径小于1微米的颗粒物,飘浮于大气中,它包含烟气和烟雾。雾尘——小液体粒子悬浮于大气中的悬浮体的总称。水雾、酸雾、碱雾等属雾尘。

气态污染物:以气体状态进入大气的污染物。种类很多,有含硫化合物——二氧化硫、硫酸根、硫化氢等,其中二氧化硫的数量最多,危害最大;含氮化合物——氧化氮、二氧化氮、氨等;碳氢化合物——有机废气;碳氧化合物—— 一氧化碳、二氧化碳;卤素化合物——含氯化合物、含氟化合物等。

二次污染物:如排入大气的二氧化硫污染物,再生成稀硫酸等二次污染物。

大气污染源

工业污染源：工矿企业排放的大气污染物包括生产过程中的排气、燃料燃烧排放的有害气体和生产过程中排放的各类颗粒粉尘。排放特点是排放量大，而且集中，排放的污染物中绝大部分都含有煤和石油燃烧过程中排放的烟尘、二氧化硫、一氧化碳和二氧化氮。尤其是火力发电厂、冶炼厂、有色冶金厂、炼焦厂、石油化工厂、钢铁厂、氮肥厂的排放最为严重。

生活污染源：这是人们由于烧饭、取暖、洗浴等生活上的需要，燃烧煤和木柴等燃料向大气排放烟尘所形成的污染源。由生活原因向大气中排放的污染物不但数量大、分布广，而且排放高度低，所以，排放的污染物常弥漫于居住区的周围，成为低空大气污染不可忽视的污染源。在这类污染源中还包括大量焚烧垃圾造成的污染。

交通污染源：这是汽车、火车、船舶、飞机等交通工具排放尾气所形成的一种污染源。近年来，随着汽车数量的迅速增长，由汽车排放造成的大气污染日益严重，特别是在一些工业发达国家，如美国、日本、瑞典等国，汽车排气已构成大气污染的主要污染源。

温室效应

　　人们通常把养花种菜的玻璃房叫作温室。当阳光透过玻璃照射到室内花草和其他物体上时，花草等会因为吸收了阳光的能量而增温，变暖的物体以红外线的形式向空间释放能量。当这些红外辐射向外发散的时候，受到有吸收红外辐射性质的玻璃的阻挡，无法外逸，使得室内温度增高。所以，玻璃房里总是热乎乎的，这就是温室。与玻璃房温室相似，地球大气中的二氧化碳、臭氧、甲烷、氧化亚氮、水蒸气和氟利昂等都能吸收红外线，如果大气中这类气体异常增多，就会导致地表的热量无法向空中散发，造成温度增高，这就是地球的温室效应。导致产生温室效应的气体称为温室气体。

　　造成温室效应的主要气体是过量的二氧化碳。它本身无味、无色、无毒，对人体无害，所产生的影响是通过温室效应使地球增温，从而造成气候异常和其他危害。

　　使大气中二氧化碳含量失去平衡的增量，主要来自人类活动。据统计，目前全世界每年向大气中排放的二氧化碳多达 55 亿吨，其中绝大多数是燃烧煤、石油、天然气等化石燃料造成的。这些二氧化碳有 40%～50% 滞留在大气中，其余部分被海洋和植物所吸收。目前森林被大量砍伐，吸收二氧化碳量减少，所以造成大气中二氧化碳增加，造成全球变暖。

温室效应灾害

人类生存的地球表面只有 29% 是陆地,其余 71% 是海洋。然而,温室效应引起的全球变暖,必然导致海洋的热膨胀和冰川、极地冰雪融化,从而引起海面上升,大片陆地成为海底。在过去的近百年中,地球平均海面升高不到 15 厘米,根据目前地球变暖的程度,可以预测到 2075 年海面将上升 30～213 厘米。

海面升高对居住在沿海地区约占全球人口 50% 的人们带来严重影响,不仅沿海低地被海水淹没,那些沿海分布的现代化大城市也将灾难临头。根据测算,如果海平面上升 1 米,淹没带的宽度将加大到 100～1000 倍,许多岛国将遭到灭顶之灾,像马尔代夫、塞舌尔、巴哈马、基里巴斯这样的国家将变成海底世界。所以,1992 年 2 月 15 日,来自 37 个岛国的官员在联合国大会上发言,要求立即采取行动,延缓气候变暖,不然他们的国家就会被海水淹没,全部文化也将葬身鱼腹。

温室效应引起的全球变暖给不少地区的气候带来变化。在中纬度地区,夏季温度可能上升到超出地球平均气温的 30%～50%,这意味着中纬度地区将变得更加干燥,到处都可能出现干燥的土壤、灼热的阳光。

旱灾和炎热的气候自 20 世纪 80 年代以来,频繁出现,使人们意识到温室效应并非是使地球变得暖融融的,其中蕴涵的灾难性气候让人不寒而栗。

中国的温室效应

从国家气候变化协调组于 1990 年 5 月提交的报告来看，人类活动引起的气候变暖对中国的环境影响有以下 5 个方面：

一是对农业的影响，既有正效应(增产)，也有负效应(减产)。气候变化对农业影响的综合效应，将使中国农业生产能力下降至少 5%。

二是对中国水资源的影响十分严重。由降水量、径流量、蒸发量形成的水资源增加或减少地区差别很大。尤其是北方干旱和半干旱地区水资源对气候变化最敏感。因此变干的可能性最大。

三是海平面上升对中国造成很大损失。预测 2030 年海面将上升 20 厘米左右，中国东南沿海现有的盐场和海水养殖场将基本被淹没或破坏。

四是对有些树种生长带来不利影响，生长分布区域发生变化，产量将严重下降。

五是将使永冻土融化消失，并发生大面积的热融下沉与斜坡坍塌，造成已经开发建成的广大区域的冻土公路、铁路及民用建筑的破坏。

防治温室效应

造成温室效应及其产生的后果的机理比较复杂,至今并未完全搞清楚,有些问题还需深入研究。但温室效应造成的环境影响是不容否认和怀疑的。因此,为了人类的生存,人们正在采取积极的对策和防治措施。

控制二氧化碳等温室气体向大气中排放。具体措施:控制化石燃料的消费而不是禁止。采用二氧化碳排放量少的能源;提高能量利用率;化石燃料产生的二氧化碳的固化;保护热带雨林(消除生物界的二氧化碳的发生源)。

从大气中消除超量的二氧化碳气体。措施是:保护热带雨林(维护其作为吸收源的功能);植树造林或绿化沙漠;通过海洋生物吸收固化等。

减弱到达地球的太阳光强度。增加同温层中二氧化硫等物质的量。

研究、制定适应气候变化的措施与规划。例如,沿海城市规划;港口与海岸筑堤,开发适应气候变化的水资源、航运与水电规划;作物品种、耕种体制、适耕地区的规划。

加强国际合作,缔结国际公约。

臭氧和臭氧层

臭氧是地球大气中一种有特殊气味的蓝色气体。它是氧的同素异形物质，即三原子氧（O_3），它在空气中的含量很微量，即使是在臭氧集中的平流层中，其浓度也只占那里空气总量的十万分之一。

臭氧分子是由氧分子和氧原子结合而成的。但是参加这一反应的氧原子是不会轻易得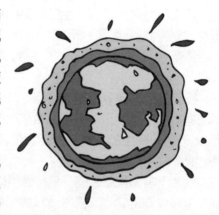到的，它是大气中的氧分子在太阳的紫外线辐射下分解而生成的。离地面越近，太阳辐射的能量越低，在离地面 20 千米以下，氧的光化学分解反应就难以发生了，因此臭氧层只能在高空形成。

可以设想，如果在高空臭氧不断生成，不断积累，那么，臭氧层将越来越厚，无限扩展。事实并非如此，因为在高空不仅有臭氧的形成，也存在臭氧的分解。臭氧的分解有多种形式，例如臭氧分子吸收了波长小于 3100(埃)的紫外辐射，就会分解为氧分子和氧原子。正是由于这一反应的存在，臭氧层才起了阻止有害健康的紫外线向地面辐射的作用，成为保护地球生命的一道天然屏障。

臭氧层存在于距地表 16～40 千米的平流层中，浓度最大值通常出现在 25～30 千米的高度。臭氧层是法国科学家法布里 20 世纪初发现的。臭氧层气体非常稀薄，若将它折算成标准状态，臭氧的总量积存厚度也不过 0.3 厘米左右。

臭氧层遭破坏

1985 年 5 月,美国科学家在南极监测站观测到,春季(10 月份)在南极大陆上空的臭氧浓度具有以 10 年为单位的下降趋势。将此发现与卫星的档案资料相核对,发现每年 10 月在南极上空的臭氧层中出现一个大的"空洞"。这个空洞大约有美国大陆面积那么大,而且每年都在不断扩大。在这个洞里,自 20 世纪 70 年代中期以来,最严重的时期臭氧的减少量超过 40%。

由于人类活动,大气中的有害于臭氧气体的浓度正在不断上升,从而使臭氧层受到潜在威胁。在所有同臭氧起化学反应的物质中,最主要的是碳、氢、氯和氮几种元素组成的气体。这些痕量气体包括:一氧化氮、水蒸气、四氯化碳、甲烷和含氯氟烃,它们在低层大气中一般是稳定的。然而,一旦进入平流层后,却能活泼地与臭氧发生反应,使臭氧层遭破坏。

含氯氟烃又称氟利昂,是平流层中臭氧的主要损耗者。这类化合

物最初制成于 1930 年早期,曾广泛用于工业溶剂、制冷、发泡、喷射剂和火箭用的气溶胶等。据估计,1985 年最普通的含氯氟烃化合物就排放出大约 65 万吨。在 1975~1985 年的 10 年中,大气中所含的含氯氟烃的浓度几乎增长了 1 倍,已由 320/万亿增长到 607/万亿。1985 年全球使用氟利昂超过 78.5 万吨。

臭氧层保护伞

我们知道,波长为 200～280 纳米的紫外线,可以杀伤人与生物,但几乎全部被臭氧吸收。波长为 280～320 纳米的紫外线,大部分可被臭氧吸收,但不能全部吸收,这部分紫外线可以杀死生物,还可导致人类的眼病和皮肤癌发病率上升。此外,这部分紫外线还可使植物生长受到影响,包括许多食用植物与海洋中的藻类,从而影响农业、渔业产量。波长在 320 纳米以上的紫外线,其危害较小,臭氧只能吸收其中的一小部分。

臭氧层的破坏会导致紫外线长驱直入地球表面。有关专家认为,紫外线辐射量的增加,会降低人体的免疫系统功能,危害呼吸器官和眼睛,诱发慢性病,增高皮肤癌的发病率。据估计,大气中臭氧减少 1%,到达地面的紫外线则增加 2%,皮肤癌增加 4%。有报道说南极上空的臭氧空洞已经对澳大利亚产生了多年影响,使该国成为皮肤癌发病率最高的国家之一。

过量的紫外线辐射,还会迅速破坏地表植物生态系统和破坏水域的生态平衡,还会增加光化学烟雾出现的频率和强度,增加城市酸雨。

保护臭氧层

导致臭氧大量损耗的主要原因之一，是人类大量使用含氯氟烃化合物。自20世纪70年代中期开始，人类开始注意防止氟利昂对臭氧层的破坏。

1974年，美国科学家从理论上提出含氯氟烃化合物通过复杂的物理和化学过程，可能达到平流层并与臭氧发生化学反应。这一理论于1976年被美国国家

科学院确认，1978年美国环境保护署禁止使用氟利昂作为喷雾剂。有些国家也相继禁止使用和生产氯氟烃作为气溶胶喷雾剂。

1985年3月，22个国家签署了保护臭氧层的《维也纳公约》原则上限制使用含氯氟烃化合物的初步协议。1987年4月，30多个国家在参加日内瓦关于《臭氧层公约》的磋商会议，限制氟利昂的生产和使用；1989年、1990年、1991年、1992年多次在蒙特利尔签订了《蒙特利尔议定书》，中心思想是限制氟利昂生产。许多国家已经使用法律来管理氟利昂生产与使用。

俄罗斯航空机械制造研究所提出修复臭氧层的方案。它的原理是利用太阳能，通过太空站安装激光辐射源，向臭氧层发射激光。使氧分子被激活而成为氧原子。氧原子与氧分子结合成为臭氧分子。由于激光辐射的能量来自太阳，所以它是源源不断的，而且不需要人的参与，这样就可以产生大量的臭氧。

大气的阳伞效应

阳伞效应又称微粒效应。存在于大气中的颗粒物，一方面反射部分太阳光，减少阳光的入射，从而降低地表温度；另一方面也能吸收地面辐射到大气中的热量，起着保温作用。两者相比，目前虽然还没有定论，但一般认为前者大于后者，因此总的效应是使气温降低，这就是所谓的阳伞效应。

大气中的大量微小颗粒物对气候的影响很大，火山喷发已充分证明了这一点。1980年7月美国华盛顿州的圣海伦斯火山再次爆发，火山灰和蒸汽直升2万米高空，随风扩散，飘到北美洲的大部分，据统计降落下来的火山灰约60万吨，殃及6个州，火山灰使人窒息，污染水源。大量的火山灰造成的厚灰云层可对世界产生影响，灰粒已进入同温层，将停留2年，这些灰云层中的大量微粒将吸收阳光，从而使地球上的气温下降。

大气中的颗粒物来自大自然和人为两种。如土壤、岩石粉屑、火山喷出物、林火灰烬、海盐微粒等为自然之物，人为颗粒物有化石燃料燃烧、露天采矿、建筑尘土、耕种作业等。

据1979年联合国发表大气中直径小于20微米的微粒全球估计量12.85亿吨，这是一个十分惊人的数字，它对环境将造成一定影响。

阳伞效应的影响

大气中颗粒物数量的不断增加，它的影响不亚于二氧化碳的排放。苏联南部某冰川冰块中颗粒物含量的分析。1800~1920 年间，冰层中的颗粒物含量为 10 毫克／升，到 20 世纪 50 年代，含尘量已增大 20 倍，达到 200 毫克／升。大气中颗粒物增加的总数应是使气温降低，形成"阳伞效应"。1963 年印尼巴厘岛的阿贡火山爆发后，大气平均混浊度在 10 年增加了 30%，火山灰环绕在地球大气中，使气温下降，气候异常。

人类活动造成的阳伞效应也十分严重。20 世纪 30 年代，美国开垦大草原造成 1933~1937 年的尘暴，似乎开始了气温下降的时期。同样，中国和印度的草原开垦以及苏联 20 世纪 60 年代开垦荒地，都造成了尘暴。60 年代末和 70 年代初，干旱季节时期，在西非萨赫勒地区，发现颗粒物比过去增加了 3 倍。

科学家估计，大气中的颗粒物总量每年增加 4%。在 100 年内可能会增加 400%，会使全球平均气温下降 4℃。事实上，人类的所有活动，如建筑、砍伐森林、过度放牧和战争，尤其是农业失控，都会使颗粒物增加的百分率有所提高。

大气中颗粒物的增加不但影响地球表面的正常温度，还会导致局部地区降水量增加，减弱光照，影响光合作用，造成农作物减产。

"天快塌了"

数年前发现南极上空臭氧层出现空洞的科学家们，最近又有了新的惊人发现。他们发现自 1958 年以来，大气层顶层(电离层)已下降了 8 千米，他们提醒世人说：天快塌下来了。

这些科学家利用雷达电波反射的原理，测量到不但电离层下降，离子密度也比以前增大了许多。不过，科学家们表示，虽然电离层下降，离子密度变大，但目前还不至于影响到地球上动植物的生存，人类仍有足够的空气呼吸。

英国南极勘测研究所的科学家们表示，目前的电离层距离地球表面只有 298 千米，同时自 1950 年测量电离层温度以来，这一气层的空气温度也有逐渐降低的趋势。科学家认为，电离层空气温度降低也是这一大气层高度下降的原因之一。

专家们分析说，天快塌下来了只是一种形象的比喻。电离层位于地球表面 80 千米以上，500 千米以下，空气非常稀薄，在 270 千米高空，密度仅为地面的 1/100。在紫外线和宇宙射线作用下，使组成大气的氮、氧、氢的分子离子化，因此称为电离层。由于电离，温度往上逐渐升高。极光就发生在这一层内。无线电波所以能传向全球，是因为电离层反射所致。因此，专家们关注，如果电离层继续下降，将来对无线电波的传送会带来什么影响。

光化学烟雾

第二次世界大战以前,世界上一些大城市的大气污染,主要是由工厂和居民排放的烟尘和二氧化硫等有害气体,引起煤炭型污染,又称伦敦型烟雾。但到了 20 世纪 40 年代,在美国洛杉矶又出现了一种新型的大气污染,它是汽车、工厂等污染源排入大气的碳氢化合物、氮氧化物等,在阳光作用下发生的光化学反应,并生成二次污染物,因此叫光化学烟雾污染,又称洛杉矶烟雾。

洛杉矶烟雾与早期的伦敦烟雾有所不同,伦敦型烟雾主要是氧化硫和悬浮颗粒的混合物,通过化学作用生成硫酸等危害人的呼吸系统;而光化学烟雾则是碳氢化合物和氮氧化物,在强烈的阳光作用下,发生光化学反应而生成刺激性产物。

光化学烟雾的形成机理十分复杂,主要是汽车尾气中的碳氢化合物和氮氧化合物,在强烈阳光作用下,发生一系列化学反应形成的。其形成条件:一是要有碳氢化合物和一氧化氮等一次污染物,且要达到一定的浓度;二是有一定强度的阳光照射,才能引起光化学反应,生成臭氧等二次污染物;三是有一定的气象条件等。

光化学烟雾的表现特征是烟雾弥漫、大气能见度低,发生时间多在夏秋季节的晴天,污染高峰出现在中午或稍后,傍晚消失。如果遇到不利于扩散的气象条件时,烟雾就会积聚不散,造成大气污染事件。

光化学烟雾污染

自20世纪50年代以来，随着世界经济的发展，光化学烟雾污染在世界各地相继发生，如美国、日本、加拿大、德国、澳大利亚、荷兰等国的一些大城市都出现过。日益严重的光化学烟雾问题，已经成为世界性的环境难题。

光化学烟雾污染的迅速加剧，主要是随着城市汽车数量的急剧增长引起的。美国1940年汽车数量有3000多万辆，而到1968年猛增到1亿多辆，汽车排气总量逐年增长，现已占美国大气污染物总量的60%左右。洛杉矶市每天大约有1000吨碳氢化合物、433吨氮氧化物排放到大气中，汽车、飞机等流动污染源排放的污染物约占大气污染物总量的90%，这就是光化学烟雾污染必然出现于洛杉矶的主要原因。

最近几年，人们对光化学烟雾的发生源、发生条件、反应机理和模式、对生物体的毒性，以及光化学烟雾的监测和控制技术等方面进行了广泛的研究。世界卫生组织已经将光化学烟雾中的臭氧作为判断大气质量的标准之一。

光化学烟雾有害

光化学烟雾对人体健康有很大危害。因为它含臭氧、醛类、PAN等，在大气中超过一定浓度，会有明显的刺激性，使人的眼睛、呼吸系统等受到伤害。

接近地面的低层大气中的臭氧升高对身体有害。低层大气中臭氧浓度升高与大量汽车尾气排放、燃煤发电厂排出的二氧化碳有直接关系。这种气体在天气晴朗、气温偏高，而又无风的夏季尤其不易散开，从而形成雾障，进而导致低层大气中臭氧浓度升高。这种气体会造成呼吸系统疾病，眼睛和鼻腔黏膜受到刺激。

光化学烟雾来势凶猛，常常是在短时间内发生，而且都在白天，因此，受到伤害的多是在户外活动的人。受到光化学烟雾的刺激后，主要症状有流泪、眼睛刺痛、嗓子痛、口渴、声音嘶哑、呼吸困难、胸痛、咳嗽、胸闷、眩晕、头痛、手足麻木和全身疲倦，重者会突然晕倒或出现意识障碍。一般在数小时，大部在 24 小时内恢复，但严重者需较长时间才能逐渐好转。

低层在出现光化学烟雾时，大气中的臭氧浓度大致在 0.15 毫克／升。光化学烟雾对健康的远期危害更为严重，主要表现在促使机体衰老，心脏功能逐渐衰退，使寿命缩短。

控制光化学污染

　　光化学烟雾的最初来源,主要是汽车尾气。要想以取消汽车来控制光化学烟雾,是既不现实,也不可能的事。那么,人类怎样才能不让汽车尾气污染环境呢? 相对被动的方法是改善城市的交通基础设施,兴建高架桥,拓宽马路,增加绿化。目前,中国的一些大城市正在采用电车发展公共交通。可以设想,这些方法会在很大程度上限制汽车废气的排放,但达不到从根本上解决问题的目的。

　　最根本的方法是开发新型的车用能源,将燃油汽车改制成使用天然气、太阳能、甲醇、风力、压缩空气等新型能源。目前在一些发达国家,以天然气为燃料的汽车已大量取代燃油汽车。

　　在对汽车实行新型能源改造的同时,以立法的形式限制汽车废气的排放标准是防止光化学污染的有效方法。近几年已有许多国家制订了有关汽车的排放标准,限制有害物排放量。美国在 1978 年规定汽车排放的 HE 上限为 0.25 毫克／千米,一氧化氮为 0.24 毫克／千米。美国提出的标准是:一小时最大允许浓度为 0.06 毫克／升。此外,加强大气监测,及时预报污染水平,也是减少和防止光化学烟雾造成危害的重要环节。

城市热岛效应

随着经济的发展，城市工厂越来越多，高楼大厦，车水马龙，人口密度也随之增大，城里的气温也比郊区农村高。可是，在市区周围的乡村，人口密度小，空气污染小，与城市形成强烈的反差。在大气层空气对流的作用下，城里的热空气、污浊气体与乡村空气形成对流，对自然环境造成污染。

一些大城市，市区和郊区农村的温差，可达5℃～6℃，个别城市如美国的旧金山，与郊区相差11℃。中国城市与郊区温差一般在2℃～3℃。这样，城市在周围气温较低的郊区农村中，就好像是一个"热岛"，这种现象就称热岛效应。

热岛效应的形成原因是多方面的。例如，城里的柏油马路多，吸收太阳的辐射热量就多，它们不但导热能力好，释放热量的能力也强，所以白天将热量储存起来，夜晚再释放出去。相反，乡村地面的植被就像一条隔热的毯子，使乡村白天和晚上的温度都比较低，这是由蒸发和蒸腾作用带来的。此外，城里的工业、商业和居民所产生的大量人为热量，也是造成城市热岛效应的原因。除此之外，城市热岛效应还与季节、风速等因素有关。许多测温数据说明，在一年四季当中，以冬季温差最大，其次是秋季。春、夏两季城市与郊区农村的温差相对较小，这显然跟秋、冬两季燃料消耗量大有密切关系。另外，静风期比季风期的热岛效应明显。

热岛效应的影响

城市热岛效应从表面上看,不仅使城里比乡村温度高,而且会造成一定的危害。因为市区的热气流不断上升,形成一个低压区,这样市内的热空气与郊区的冷空气形成对流,工厂排放的污染物向乡村扩散,造成新的污染。

城市热岛效应还会使城市植物发芽和开花较早;一些鸟被吸引到暖和舒适的城市居住区;如果城市本来处在温暖地区,人们就感到附加热的重压,夏季必须使用空调。老人、儿童和体弱者患病率增加。

城市热岛效应的另一种影响,就是能导致城市的雨岛效应。据我国上海地区统计,1959~1985 年汛期的降水量,市区平均为 670 毫米以上,比郊区多 6%,而大暴雨的天数,市区在 40 天以上,比郊区多了14%。英国东南部部分地区雷雨发生率增加幅度为 10%~24%,冰雹次数变化幅度为 67%~43%。这种城市雨多而四周郊区雨少的现象,就是雨岛效应。

雨岛效应的主要原因,是市区气温比郊区高,从而造成市区上空云量和降水量的增加,其次,是城市林立的高大建筑群,会使降雨带移出市区的速度减慢,造成市区降水时间比郊区要长。再有一个原因,就是市区大气中烟尘含量多,烟尘可作为凝结核加速成雨,在郊区的一片云,进市区就会变成一场雨。

酸 雨

目前世界上许多国家都把pH 值(酸碱度)小于 5.6 的雨水叫作酸雨。我们知道,pH 值低于 7就是酸性,高于 7 就是碱性,等于7 为中性。选取 5.6 作为标准,是因为当蒸馏水和大气中的二氧化碳达到平衡时,酸度正好是 5.6,所以把它作为标准。如果 pH 值低于 5.6,就是酸雨,如果高于 5.6,就是正常的雨水。

现在酸雨这个词,早已超过了它的词义。它所指的范围不仅是雨,而且包括雪、雾、霜、露、雹、霰等各种形式的降水,因而称为"酸性降水",又称为"酸沉降",有人称为"环境酸化"。

雨水怎么会变酸?当空气中纯净的雨、雪在降落过程中,吸收了空气中的二氧化硫、二氧化碳、氮氧化物等致酸物质,就使雨、雪、雾、霜、露、雹等变成 pH 值小于 5.6 的降水了。

那么,像二氧化硫、二氧化碳、氮氧化物等物质是怎样进入大气中的呢?这就是人类的活动所致了。煤炭是人类必需的能源,也是不可缺少的化工原料,它除含碳等有用物质外,还含有硫和氮等元素,硫和氮元素燃烧以后形成二氧化硫排放到大气中,被雨、雪吸收变成硫酸和硝酸,二氧化碳排放到大气中,形成碳酸,使雨水的酸度增加。另外由于汽车燃烧汽油,排放出大量的氮氧化物到大气中,也对酸雨的形成起到了促进作用。空气中的锰、铁、铜、钨等颗粒,成为形成酸雨的催化剂。

酸雨污染环境

　　雨水变酸以后,对生态环境的污染是非常严重的,危害性很大。当湖泊遭受到酸雨的侵袭时,鱼类的生存条件发生了巨大的变化,鱼类由于不适应 pH 值小于 5.6 的酸性水的生活环境而死亡;另外,酸雨浸渍了水底的土壤,使铝元素和重金属元素沿着基岩裂缝流入附近的水体,影响水生生物的生长而至死亡。

　　当酸雨侵袭陆生植物时,直接受害者首推森林植被。酸雨对森林的影响呈现出一个起伏的过程,而不像对水生生物系统那样,一开始就产生致死的作用。当酸雨侵蚀森林时,首先把硫和氮等当成有益元素吸收,然而常年的酸雨使土壤的中和能力下降,逐渐贫瘠,然后土壤中的铝和重金属元素逐渐被活化,对树木的生长,有一定的抑制作用;再加上由于酸性条件有利于病虫害扩散,危害树木。如果树木遭到持续干旱等因素的影响,土壤的酸化程度更为加剧,植物根系严重枯萎,致使树木死亡,森林逐渐消亡。

　　地表水和地下水将遭到酸雨的严重危害,酸雨侵蚀后的水体,铝和重金属的浓度达到正常值的 10 ~ 100 倍,对人体健康造成极大威胁。

　　我国故宫的汉白玉雕刻、雅典的巴特农神殿、罗马的图拉真凯旋柱等, 近年来都受到了酸雨的侵蚀,美国不得不为自由女神像穿上"外衣",以保护女神不受破坏,其实酸雨对所有建筑物、各种设备都有腐蚀。

厄尔尼诺现象

厄尔尼诺在西班牙语中是"圣婴"的意思。在南美洲的秘鲁和厄瓜多尔的沿海地带，海水的温度随季节的变化而变化。在圣诞节前后，海水本来应该变冷，但是，在某些年份海水都在这个季节突然出现异常变暖。一般情况下，这种现象多发生在12月圣诞节前后，因此人们将其称为"厄尔尼诺"。

厄尔尼诺出现时，东太平洋高压明显减弱，印尼和澳大利亚的气压升高，同时，赤道太平洋上空的信风减弱，所以有时候将厄尔尼诺称为"暖信风"。在赤道地区，东太平洋海域海水表面温度突然增高，使这一冷水区变成异常高温的水区，所以该水区上空的大气形成热气团，产生大量的雨水降落，造成洪涝灾害。目前所知，厄尔尼诺现象的基本特征主要表现为：太平洋赤道水面水温升高，水位明显上升，造成洋流变化，从而给气候带来影响。气候异常表现在一部分地区连降暴雨，另一部分地区则持续干旱。

1982～1983年出现的厄尔尼诺现象是20世纪最严重的一次。它引发了全世界一系列天气反常现象：在澳大利亚和非洲发生了旱灾；在美国西部发生了水灾，在波利尼西亚群岛发生了旋风，有1300多人丧生；在中国出现了南涝北旱的灾害；1991年6～7月发生在中国的特大洪涝灾害，也与这一现象有关。

拉尼娜现象

拉尼娜一词，同样源于西班牙语，是"圣女"的意思。拉尼娜现象与厄尔尼诺现象相对应，即太平洋东部和中部的海水温度降低。拉尼娜造成的灾害比厄尔尼诺造成的灾害要小一些。人们常以厄尔尼诺为粗暴的"哥哥"，则拉尼娜就是相对温柔的"小妹妹"。因此，拉尼娜现象是一种反厄尔尼诺现象，有时候也把拉尼娜称为"冷事件"。

据科学家们估计，在厄尔尼诺发生一年后，拉尼娜会接踵而来，这种可能性达 70% 以上。

拉尼娜的预兆是飓风、大暴雨和严寒的气候。据美国热带海洋大气研究所设置的一系列监测装置的数据表明，太平洋赤道附近 5000 平方千米的水域表面海水的温度，从 5 月初到 6 月初，仅 1 个月的时间里，就下降了 8.3℃，这里下降之快，是过去从来没有过的。

拉尼娜现象的出现，使赤道附近东太平洋冷水域上空形成冷气团，冷空气迫使雨云向西移动，给信风增加强度。强劲的信风带动暖水向澳大利亚的方向移动，将给澳大利亚带去高温和暴风雨。其实美国也受害。一方面是阿拉斯加地区遭受严寒的袭击，另一方面是美国其余大部分地区，特别是南部地区出现罕见的暖冬气候。华盛顿州、俄勒冈州和北加州受到风暴、大雨和风雪的袭击，西部降暴雨，西南部遭干旱。

地球气温变暖

"我们的地球有点发烧"，气象学家们警告说。气象资料表明，近百年来，全球平均气温增加了 0.3℃~0.6℃，令人不安的是，这种趋势还在发展。

报道说，过去 100 年中，全球海平面上升了 15 厘米，引起了人们的关注。虽然对于海平面上的原因有不同的说法，但大多数科学家认为由于二氧化碳向大气中排放，使气温上升，海水热膨胀，两极冰川融化，导致海平面上升。由于气候变暖，北极冰川 5 年来已退缩了 10 多千米，这已被现代事实所证实。

计算机模型和历史资料均提示，高纬度地区的气温变暖比全球温度升高的平均值更显著。例如，大气中的二氧化碳的"自然"浓度，若翻一番，全球平均温度可能升高 2℃~4℃，但在极区则升高 6℃~8℃。并将导致高纬度上的冰川融化和海水膨胀，造成海平面升高。海洋温度升高 1℃，可使海平面升高 60 厘米。

1995 年 1 月 23 日，阿根廷的一位科学家发现，南极的一块 70 千米宽、300 米厚的冰壳开始裂开。不久前一块长 77 千米、宽 37 千米、厚 180 米的巨大冰盖也从南极半岛拉尔森陆冰缘最北端脱落，正向南极半岛附近海域缓慢移动。造成"白色大陆"冰山融化的原因，与全球变暖有关。自 20 世纪 40 年代以来，南极半岛地区的气温上升 2.5℃，而全球的平均温度仅上升 0.5℃，南极是地球上温度增长最快的地区。

全球气候异常

英国气象中心最近发布一则消息称,1997 年是英国自 1659 年有气温记录以来的第三个高温年,1998 年 8 月份,英国人承受了有史以来最炎热的天气。另有观测表明,有欧洲屋脊之称的阿尔卑斯山的冰川,从 1994 年开始,正以每年 35 厘米的速度在变薄,目前其冰川中的冰量只有 1850 年的一半。

以 1995 年为例,世界许多地方气候严重异常。在美国夺去 750 多人生命的酷热越过大西洋在欧洲肆虐,6 月底印度中北部地区被热浪袭击,有数百人因此而丧生。在中国南部地区持续的暴雨使长江面临泛滥的危险,而北部的黄河流域却持续干旱。西班牙、法国、德国、希腊和意大利等中南欧国家和北欧地区,气温达到 35℃~44℃,一些人在酷热中死去。就是夏天一般不太热的德国也达到 37℃,各个企业都宣布停工,让工人回家休息。

对于世界各地为什么都发生这种气候异常现象,世界气象学家认为,最重要的原因是地球"自洁"功能遭到破坏。气象学家们认为,由于大量使用矿物燃料,使二氧化碳排放量增加,造成了温室效应和森林遭到破坏,而这又导致了荒漠化现象的发生。由于上述种种原因,自然环境遭到严重的破坏、地球面临非常严峻的考验。

地球变暖会成灾

气候的异常变化，会引发各种自然灾害。海水因温度升高而膨胀，海平面将上升 20～140 厘米，沿海城市将发生海水倒灌，沿海一带土壤盐渍化加重。联合国的专家组曾得出这样的结论：当 2050 年全球海平面升高 30～50 厘米时，世界各国海岸线的 70%，美国海岸线的90% 将全被海水淹没。美国环保专家的预测更令人担忧：再过 50～70 年，孟加拉国国土的 1/6，巴基斯坦国土的 1/5，尼罗河三角洲的 1/3，以及塞舌尔、马绍尔和马尔代夫等，都将因海平面升高而被淹没，东京、大阪、曼谷、威尼斯、圣彼得堡和阿姆斯特丹等许多沿海城市，也将完全或部分被淹没。

由于气候变暖，世界降雨量的分配将变得更不均匀。在中纬度大陆，干旱出现的频率增加，这样，我国西北内陆、黄河流域的缺水情况会更加严重，甚至加快沙漠化的进程。事实上，青海湖的水位现在每年就不断下降，天山、祁连山的冰川大部分处于后退状态，这些地区的水源正面临大幅度减少的危险。我们有些公路，如青藏公路，是建立在永久冻土上的，气温上升，冻土可能会发生不均匀解冻而下沉，使得路基高低不平，造成公路运输瘫痪。可见全球气温上升，是一件关系到人类社会生产和生活的大事。

土壤的物质组成

土壤主要由矿物性固体、有机质、空气和水组成。这四大部分物质是相互联系、相互制约的有机整体，缺一不可的。

矿物性固体是土壤的"骨架"，也是无机物的来源。土壤中常见的矿物质有石英、长石、云母，还有粘黏粒、粉粒、泥粒等。

有机质是土壤的"肌肉"，包括动植物残骸，施入的有机肥料、微生物和经微生物作用所形成的腐殖质等。它们在微生物的生物化学作用下，会发生有机质的矿质化和腐殖化两个过程。当土壤温度高，水分适当和通气良好时，好气性微生物将有机物分解为能溶于水的无机盐类和二氧化碳，即以矿化过程为主；当土壤渍水，温度低和通风不良时，厌氧性微生物将有机物先分解，然后再合成新的物质——腐殖质，即以腐殖质化过程为主。同时，在一定条件下，腐殖质也会慢慢分解，释放出养分。因此腐殖质是土壤的特殊肥效成分。

水分是土壤的"血液"，它在土壤中矿物质风化、有机物的分解和物质迁移、转化过程中起着重要作用。土壤中的水来自天然降水和人工灌溉，此外地下水是上层土壤水的重要来源。空气存在于土壤的孔隙中，主要来自大气以及土壤中生物化学反应过程中产生的少量气体。空气影响土壤中物质的物理、化学和生物化学的转化过程。

土壤侵蚀

因为风和水等自然力的作用,引起土壤被剥蚀、流失或沉积的过程,称为土壤的自然侵蚀。另一种侵蚀是人为的,由于人类的活动,破坏了植被而加速、扩大了自然力的作用,从而引起地表土壤破坏、土体物质迁移、流失等加速侵蚀的过程,称为土壤加速侵蚀、土壤侵蚀或土壤流失。

坡地土壤,当植被被破坏时,侵蚀是相当严重的。特别是在坡度大于 25 度的陡坡上开垦荒地、造梯田,有时会造成严重的土壤侵蚀,甚至裸露出土层下面的基岩,成为不毛之地。土壤侵蚀不仅是破坏土壤的肥力,危害农业生产,而且还会危害水利、交通和工矿事业等。例如淤积水库、阻塞河道,造成水灾。

在干旱和半干旱地区,因滥垦草原、过度放牧、滥伐森林和气候变化等因素,使植被遭到破坏,土壤受到严重风蚀,最终变成沙漠的过程,就是土壤的沙化。土壤沙化严重时可引起"黑风暴"(或称沙尘暴)。例如,离北京市区两小时车程的河北省怀来县,沙化土地面积约 333 平方千米,每年冬春季节时,黄沙一路南下,每年以 2~3 米的速度向北京推进,黄沙已经翻过军都山进入北京境内。多年来黄沙顺流进入官厅水库,已使官厅水库的库容量减少了 1/3。风沙距离北京天安门还有 70 千米。不过,河北省正在积极阻止风沙南迁。

盐 渍 土

通常把表层含 0.6% ~2%
以上,易溶盐的土壤叫盐土;把交
换钠离子占交换性阳离子总量
20%以上的土壤叫碱土;由于两
者往往同时存在于同一土壤,只
是主次有别,因此习惯上称为盐
碱土或盐渍土。

盐渍土上很难生长植物,常
常是茫茫的盐碱滩,不毛之地。通常把由于人类的生产和生活活动引
起的土壤的盐渍化,称为次生盐渍化,由次生盐渍化生成的盐土称为
次生盐土、次生碱土,或次生盐碱化。

盐渍土是由于各种可溶性盐类,在土壤表层和土壤中长期逐渐积
蓄,通过以下作用而成:

第一,土壤中可溶性盐类,随土壤中水分上下运动而沿土壤毛细
管上下移动。当降水量小,蒸发量大时,土壤表层的盐分多,形成盐碱
土;当降水量不大,但次数多,潜水位高时,盐渍化更为严重,土壤一苗
不长。

第二,排水不良的盆地、洼地或平原地区,地下水流动迟缓,盐分
长期积蓄,浓度很大,如果遇上降水不多,蒸发量很大,盐渍化则严重。

第三,土壤之下为某些盐矿床,或含盐高的矿床,在干旱条件下,
蒸发量大于降水量,则盐渍化严重。

第四,人类的灌溉用水含盐量高和不正确的灌溉方法,所导致的
地下潜水位提高等,也可引起土壤的盐渍化。

土壤背景值

通常把一个国家、一个地区，或某种土壤类型的土壤中，某些元素的平均含量，称为相应的土壤本底值或土壤背景值。

土壤的环境本底，就是土壤的环境背景值，是指在不受污染的情况下，土壤的基本化学成分和含量，它反映了土壤在自然界存在和发展过程中，本身原有的化学组成和特性。然而，随着环境污染的日益严重，在地球上已几乎找不到不受污染的环境了，所谓环境本底，只是一个相对的概念，它只是相对于不受或少受污染的情况下，环境各组成要素的基本化学成分和含量。

土壤环境本底的形成，受所在地区自然条件的影响，其中地质构造、岩石组成、岩石地球化学状况等，是土壤本底影响的主要因素。气候条件、地形特点、水文状况和生物各类等也起一定的作用。

一般将土壤所允许承纳污染物质的最大数量，称为土壤环境容量。污染物在土壤中的含量，一般未超过一定浓度之前，不会危害作物，或在其体内产生明显的积蓄；只有超过一定浓度之后，才有可能产出超过食品卫生标准的食物或使作物减产。也就是说，土壤存在一个可承受一定污染物而不致污染作用的量，即土壤环境容量。

背景值
环境容量

土壤能够自净

土壤依靠自身的组成、功能和特性,对介入的外界物质有很大的缓冲能力和自身更新能力,即通过物理、化学和生物化学的一系列变化,使污染物分解转化而去毒,从而保持一定程度的稳定状态。土壤的这种自身更新或自净转化作用,即称为土壤自净。

土壤自净的本领比空气大很多倍。例如,在一片天然的草原中,几乎全部植物遗骸都被土壤分解转化,使营养物质重归土壤贮存起来,以供来年使用。这样年复一年的循环,不仅使土肥保持一定的稳定状态,而且肥力不断提高,这就是土壤自净的结果。土壤自净的反应机理比较复杂:

首先,土壤可通过稀释、扩散、挥发等作用实现自净:土壤是一个具有液体、气体和固体物质组成,疏松、多孔隙的体系,它可以把污气挥发掉,释放到大气中去,可以把液体污物稀释和扩散,或淋洗到耕作层以下。

其次,土壤可通过氧化还原反应,使有机或无机污染物改变存在形态,实现自净。

再次,土壤可通过络合—螯合,离子交换和吸附作用,使污染物被土壤胶体牢固地吸附住,使其一部分不再参与生物物质循环,实现自净。

最后,土壤可通过化学平衡的缓冲作用和生物降解作用,将污染物转化或降解、沉淀或释放,降低其浓度或毒害作用,减轻或消除污染,实现自净。

土壤污染

凡是进入土壤中,会降低农作物的产量或质量,或者改变土壤的成分与功能的物质,就是污染物。

土壤污染物有无机物和有机物。无机物主要有盐、碱、酸、氟和氯,以及汞、镉、砷、铅、镍、锌、铜等重金属,还有铯、锶等放射性元素;有机物主要有有机农药、石油类、酚类、氰化物、苯并芘,有机洗涤剂,病原微生物和寄生虫卵等。

当进入土壤中的污染物,超过土壤环境容量,影响土壤的正常功能或用途,甚至引起生态变异或生态平衡破坏,从而使作物产量和质量下降,最终影响人体健康,这就是土壤污染。

土壤污染源同水、大气一样,可分为天然污染源和人为污染源两大类。天然污染源有:某些元素的富集中心或矿床周围等地质因素,所造成的地区性土壤污染;某些气象因素造成的土壤淹没、冲刷流失、风蚀等;地震造成的"冒沙""冒黑水";火山爆发的岩浆和降落的火山灰等,都可以不同程度地污染土壤。人为污染源对土壤的污染近年来也十分严重。

土壤污染比较隐蔽,不易直观觉察,往往是通过农产品质量和人体健康状况才最后反映出来。土壤一旦被污染后很难恢复,因此,人类赖以生存的基本环境之一的土壤,被污染的后果是不堪设想的。

人为污染源

　　随着工业和乡镇企业的蓬勃发展，工业排放"三废"的增多，随之进入土壤的数量逐渐增加，再加上近年来城镇垃圾的急剧增加，使受污染的土地面积日益扩大，程度日趋严重。据统计，中国目前遭受到大工业"三废"污染的耕地已达 400 万公顷（1 公顷 =1 万平方米），受乡镇企业污染的有 187 万公顷；全国受镉污染的土壤 1.33 万公顷，汞污染的土壤 3.2 万公顷，氟污染的土壤 67 万公顷，受农药严重污染的土地面积超过 0.13 亿公顷。此外，工业废渣的堆放还占用了大量土地，截至 1994 年，全国历年工业垃圾堆存量已达 64.63 亿吨，占地面积达 6 万多公顷。

　　人为污染土壤的途径很多，归纳起来，有下面数种：

　　第一，土壤历来是作为垃圾、废渣、尾矿等固体废弃物的处理排放场所，被当成人类天然的大"垃圾箱"。

　　第二，由于历年来施肥、施农药等增产措施，也就使污染物随之进入土壤中，并在土壤中逐渐积蓄。

　　第三，长期使用不符合灌溉标准的水、生活污染、工业废水等灌溉农田，以及雨水将废渣中的污染物淋洗流入农田。

　　第四，大气污染的"干降"或"湿降"进入土壤。

　　第五，大型水利工程、截流改道、破坏植被，也可以造成土壤污染。沙漠化、盐渍化与河流改道有关。

土壤施肥有利弊

给土壤施肥是农业增产的一种措施,特别是化肥,已成为现代农业不可缺少的肥料。但是,必须科学施肥,合理施肥,否则将会出现土壤的污染问题。

第一,不合理施用化肥,可造成大气和水体污染。例如,施用氮肥的利用率,一般多在 30%～60%,其余的 10%左右随水淋失,随着地表径流、农田排水而进入水体,30%左右变为气体散失到大气中。又如施尿素,最后氨的挥发损失可达 40%～60%;施碳酸氢铵,3 天就可损失 10%;施硫酸铵,9 天可损失 13%;在水田里施碳酸氢铵,挥发损失可达 70%, 施尿素则可达 70%～80%。

第二,不合理地施用化肥可造成土壤板结,如长期施用硫铵,可造成土壤中硫酸根离子积累,土壤酸性增加,生成硫酸钙土壤就会板结。

第三,不合理施用化肥可危害人畜。因施用氮肥过多,使牧草含氮量过高,牛食用饲草之后,在胃内将硝酸盐还原为亚硝酸盐,而导致患病和死亡;用其做青贮饲料时,由于释放出大量的氮氧化物,使人"中毒"死亡者也有报道。

土壤流失严重

据资料,1776 年,美国适宜耕种的表土层平均有 22.86 厘米厚,从那以后,由于土壤侵蚀,表土层已失去 7.62 厘米,现在平均只有 15.24 厘米厚。而形成 2.54 厘米(1 英寸)厚的表土层需要近 500 年的时间。对此美国科学家说:"而我们在 200 年中,损失了 1500 年形成的表土层。"美国 90%以上的可耕地流失的土壤多于形成的土壤。平均起来,美国可耕地表土层流失的速度比形成的速度快 17 倍。在发展中国家,问题更严重,土壤流失的速度比能承受速度快 30~40 倍。

从刚刚完成的全国地质灾害现状调查表明,中国水土流失面积达 367 万平方千米,占国土总面积的 38.2%,每年造成经济损失达 96 亿元。

中国是世界上水土流失最严重的国家之一。据推算,全国每年流失的土壤在 50 亿吨以上,相当于耕作层为 30 厘米厚的耕地约 11667 平方千米。随之流失的氮、磷、钾营养元素总量大大超过全国每年的化肥施用总量。

调查表明,半个世纪以来,中国新增加水土流失面积已超过 32.37 万平方千米,增长率为 21.6%,目前全国每年新增加水土流失面积已达 4790 平方千米以上。

预防土壤污染

预防土壤污染要控制和消除土壤污染源。同时要充分利用土壤自净的能力，把已经污染的土壤积极采取一切有效措施，消除土壤中的污染物，控制土壤中污染物的迁移转化，使其不能进入人的食物链。

首先，控制和消除土壤污染源，这是防止污染土壤的根本措施。要控制与消除工业"三废"的排放，如控制排放浓度、排放量和绝对累计排放量，实行污染物排放总量控制。排放工业"废水"时，要严格执行《农田灌溉用水水质标准》中的有关规定。

其次，控制化肥、农药的施用量。对残留量高，毒性大，半衰期长，不易降解而在环境中会造成长期危害的农药，要尽量淘汰。加速推广高效、低毒、低残留、易降解、易衰变的新农药。探索和推广生物防治法。

再次，合理施用化肥。控制使用含毒化肥，合理使用硝酸盐和磷酸盐类化肥，选择使用盐酸盐和硫酸盐类化肥，以免造成土壤板结与污染。

最后，加强污灌区的监测与管理。利用污水灌溉农田时，要严格掌握水质标准，控制灌溉次数和面积，结合土壤环境容量，制定允许灌溉年限，或植物品种。另外，用河水、井水灌溉农田时，也要根据土壤质地、矿化度和地下水临界深度灵活应用，防止土壤盐渍化。

治理土壤污染

生物防治：培育新的微生物品种，以增强生物降解作用，这是提高土壤净化能力的极为重要的方法。例如，美国培育出能降解三氯丙酸或三氯丁酸的小球状及硝化菌种；意大利用从土壤中分离出的某些菌种，可抽出酶复合体，能降解 2,4-D 除草剂；日本研究了土壤中红酵母和蛇皮藓菌，能降低剧毒性聚氯联苯分别达 40% 和 30%。此外，某些鼠类和蚯蚓对一些农药也有降解作用。羊齿类铁角蕨属的一种植物，有较强的吸收土壤重金属的能力，对土壤中镉的吸收率可达 10%。

施加抑制剂：轻度污染的土壤，施加抑制剂(如石灰、碱性磷酸盐等)，可改变污染物在土壤中的迁移、转化方向，促进某些有毒物质的移动、淋洗或转化为难溶物而减少农作物的吸收。

增施有机肥料：改良沙性土壤，提高土壤容量。增施有机肥，可降低土壤中重金属和农药的吸附力，增加土壤容量，提高土壤自净能力。同时有机质又是还原剂，可促进土壤中镉形成硫化镉沉淀物。

改革耕作制度：从而改变土壤环境条件，可消除某些污染物的危害。

排土、客土、深翻法：在污染面积不大的情况下，可挖走污染土，或用未污染土覆盖污染土，或深翻将污染土深翻到下层。

森林覆盖率

在地球的表面,有29%是陆地。在陆地上有的地方被植被、森林所覆盖,而有的地方却没有植被和森林,而是岩石裸露。那么,什么叫植被、裸地和森林覆盖呢?

在一定区域内,覆盖着地面的植物及其群落,称为植被。整个地球表面的植物,叫世界植被,某个地区的植被,叫地方植被;栽培的农田或森林,叫人工植被;天然的森林和草甸,称为自然植被。

裸地是指没有植物生长的裸露地面。裸地可分为以前没有植物覆盖过的原生裸地,以及从前有植物覆盖,而后来植被被消灭了的次生裸地。裸地对自然环境和农牧业生产不利。

森林覆盖率是一定范围内林地面积占该范围总面积的百分比(%)。例如,联合国粮农组织公布的世界森林资源评估报告,调查了179个国家,其陆地总面积为 129.4 亿公顷,森林面积为 34.4 亿公顷,森林覆盖率为27%。

世界现有森林面积最大的国家是俄罗斯,为 7.55 亿公顷,巴西为 5.66 亿公顷, 加拿大为 2.47 亿公顷,美国为 2.10 亿公顷,中国为 1.34 亿公顷,森林覆盖率为 13.92%, 名列全世界第 29 位(全世界平均为 22%)。如果森林覆盖率达到 30%, 分布均匀,则环境就比较好,农牧业生产就比较稳定。

植被可保持水土

据科学家试验：一棵25年生天然树木，每小时可吸收150毫米降水。22年生人工水源林每小时可吸收300毫米水。而裸露地每小时吸收降水仅5毫米。林地的降水有65%为林冠截留或蒸发，35%变为地下水。在裸露地面，约有55%的降水变为地表水流失，40%暂时保留或蒸发，仅有5%渗入土壤。林地涵养水源的能力比裸露地高7倍。

据专家测算，一片面积约66.7平方千米的森林，相当于一个200万立方米的水库。森林的这种"能吞能吐"的特殊功能，科学家们称之为"吞水吐雨器"。

森林慢慢将大气中的二氧化碳吸收，同时吐出新鲜氧气，调节气温，这才具备了人类生存的条件，地球上才有了人类，所以科学家又称森林是"吞碳吐氧机"。

森林涵养水源的主要原因，是林木能增加土壤粗孔隙率，截流天然降水，从而使森林具有调节流量的作用，洪水期流量能蓄积起来，枯水期又能释放出来，其功能就像一个天然的"绿色水库"。

有关研究显示，当大雨降落时，树冠和树叶可截流20%以上的雨量；林地上的枯枝败叶和杂草层也能截流并吸收5%～10%的水量，而团粒土壤能使地表水转变为地下水。在无雨干旱的季节，森林又能通过枝叶蒸腾水分。这样，森林就可以防止土壤侵蚀。所以森林的"自然化"越高，保土能力越强。

树木能增进健康

诗人白居易有诗赞曰："一树春风万万枝,嫩于金色软于丝。"林木葱葱带来的岂止是外观的美,它给人们的身心也带来了活力。

有人说,树木是净化环境的"肾脏"。不错,树木不仅大量制造氧气,吸收二氧化碳,使空气清新,而且具有过滤尘埃、杀菌吸毒、减少噪音等作用。据调查,1公顷松树每年可吸附和滞留空气中的灰尘量约36.4吨,绿化地区空气中含尘量要比一般街道上空少30%~70%。

许多树木能分泌杀菌素,如桉树能分泌杀死结核杆菌和肺炎菌的杀菌素;桧柏能分泌杀死伤寒杆菌、白喉杆菌的杀菌素……夹竹桃、樟树等还能吸收汽车排放的废气。当空气中的大量细菌和微生物只要附着在树干、树枝和树叶上,都会被树木杀死。

树木还能阻止放射性污染和消除噪声。据测试,树木可吸收剂量为4000培拉的伽马射线和多种频率的噪声。声波在传播途中若碰到墙壁的反射便得到加强,而碰到树木则被吸收约25%。公园内成片的树木能把噪声降低到26~43分贝,使对人有害的噪声减弱到对人不足为害的程度。

森林中空气清新,这要归于负离子的功劳。空气中含负离子多少,是评价空气质量优劣的标志。这种空气"维生素"能增强人体新陈代谢和免疫能力,加速疲劳的消除,刺激造血功能。

植被是减灾之本

森林生态系统具有比其他生态系统更为复杂和稳定的空间结构和营养结构,光能利用率和生物生产力是天然生态系统中最高的。同时,森林是巨大的二氧化碳吸收库,可大量放出氧气。

森林可以明显改善农田小气候,保护和促进农作物生长,保障农业稳产高产。据实地观测,在农田林网内通常可减缓风速 30%～40%,提高相对湿度 5%～15%,增加土壤含水量 10%～20%,可增产 10%～20%。例如,中国"三北"防护林已使过去受风沙袭击的干热风危害、产量低而不稳的 11 万平方千米农田的生态环境得到明显改善,粮食产量普遍增长 10%～30%,过去沙化、盐渍化、牧草严重退化的约 89 333 平方千米草场也得到了有效保护和发展,产草量增加 20%多。

第三,可有效蓄水保土,调节水分配,保证水利设施正常发挥效能。森林凭借其庞大的林冠、深厚的枯枝落叶层和发达的根系进行蓄水保土。据测定,林冠可截留降水 20%左右,大大削弱雨滴的冲击力,减轻地表侵蚀;只要地表有 1 厘米厚的枯枝落叶层,就可把地表径流减少到裸地的 1/4 以下,泥沙减少到裸地的 7%以下。林地土壤的渗透力更强,一般为每小时 2500 毫米,超过了一般降水的强度,一场暴雨几乎可被森林完全吸收。

造林可以减少水灾

为什么林业建设和洪水灾害的关系如此密切呢?原来森林具有浓密的枝叶和庞大的树冠,当雨水落到树冠上以后,绝大部分都从树冠滴落,或者顺着树干流到林地上。森林里每年有大量的枯枝落叶,在林地上形成厚厚的落叶和苔藓层,从而大大提高了地表的吸水和透水性能。据测试,树林下每斤枯枝败叶可吸收 1~2.5 千克水,腐殖质能吸收相当于它本身重量 25 倍的水。渗透到土壤中的水分,一部分又转变成地下水。地下水流速很慢,每年只流动 2 千米左右。这些地下水,在很多情况下,又以泉水的形式流到地面上来,供人利用。有人调查证实,每 600 多平方米有林地比无林地大约可多蓄水 20 立方米,33 平方千米森林所含蓄的水量,相当于 1 个 100 万立方米的小型水库。所以,人们形象地把森林比作"绿色水库"。

由于森林具有巨大的蓄水作用,造林护林情况,对水涝灾害影响极大。因为一个没有森林的山地、丘陵,降雨后 90%的雨水会立刻从地表带着大量泥沙滚滚流走,造成水土流失和水灾,使农业生产和人民生命财产受到重大损失。历史上由于破坏森林植被,造成的灾难国内外都有很多。1998 年夏天,长江特大水灾,究其原因,除了气候反常,特大暴雨集中等自然因素以外,还与长江中上游滥砍滥伐树木,森林遭到破坏有关。

制氧机和消声器

据测定,1万平方米的森林,每天可吸收1吨二氧化碳,放出0.73吨的氧;1万平方米的草坪,每天可吸收0.9吨二氧化碳,放出0.6吨氧。一个人需要10~50平方米的植物产生的氧,才算吸到新鲜的空气。

这是由于植物在其整个生命过程中,进行光合作用时,吸收空气中的二氧化碳,放出氧。大气中的氧气主要靠植物制造的氧气进行补充。大家知道燃料的燃烧、生物的呼吸、有机物的分解、冶金和化工等行业的生产中,每天都要消耗大量的氧气,如果没有大自然的巧安排,由植物向大气中补充氧气的话,就可能产生氧气危机,就是生产多少台特大的制氧机也无济于事,所以说植物是天然的"制氧机"。

据测定,40米宽的林带,可使噪声降低10~20分贝。在公路两旁各栽一条6米宽的乔木和灌木混合林带,就能减轻车辆等交通噪声和生活噪声对人们的干扰。

植物为什么能吸收噪声呢?一是植物的茎叶表面粗糙不平,叶子上有大量的微小气孔和密密麻麻的各种形状的绒毛,就像多孔的不平的吸声板和地毯等吸声器材一样,能将一部分声音吸收。二是植物杂乱无章的茎叶能将噪声反射、折射、散射等,使声波能衰减。三是植物群体如同一道道的隔声墙一样,将噪声阻挡和隔离。

植物是空调器

植物调节小气候的作用有以下几方面：

一是蔽阴作用。植物的树冠、枝叶可以挡住阳光，减少阳光对地面的直射，又可将部分阳光反射回天空，同时还会将一部分阳光吸收用来合成机体的各种有机物质。植物群落就像蔽阴伞群，构成蔽阴凉棚。

二是蒸腾、吸热、降温作用。植物群的枝叶每天都要吸收、蒸发大量的水分。水变成蒸汽的蒸腾过程中，就从周围的空气中吸收了大量的热量，从而就使周围空气温度下降。据测定，每公顷森林每年要蒸腾8000吨水，同时吸收40亿千卡的热量。树荫下的温度比街道和建筑物低16℃。绿化地区的温度可比没有绿化的地区低8℃～10℃，草坪的温度比广场和建筑物低3℃～5℃。

三是增加空气湿度的作用。植物蒸腾过程中产生的水蒸气，可使周围空气的湿度增高，从而使近地面的空气湿度增高。据测定，绿化地区比没有绿化地区，空气的相对湿度高11%～13%。

四是产生微风的作用。由于植物的降温增湿作用，使其周围的冷空气因密度大而产生水平压力，向热空气区流动。热空气因密度小，在冷空气中的压力下，向天空上升，因此就产生了微风。

植物是净化器

植物在环境净化中的作用,主要表现如下:

一是吸收有害气体净化大气:目前一般污染大气的污染物有 28 种之多,植物能吸收二氧化硫、二氧化氮、氯气、氨气、臭氧和小部分过乙酰硝酸酯,大气中的二氧化硫除少部分被雨水淋溶降入土壤或地面水中外,其余靠地面吸收。当植物吸收二氧化硫后,首先形成亚硫酸盐,然后又被植物的生化反应氧化为硫酸盐。

当植物茎叶中的水分和二氧化氮发生作用后,可生成亚硝酸和硝酸盐混合物,而被植物利用。氨气也同样可被植物吸收利用。氟化物进入叶片后,仍然保持可溶状态,转化为游离的无机氟,不与细胞成分产生不可逆的结合,如 1 千克的西红柿叶子可吸收 3 毫克的氟。

植物对 HF 的吸收率最大,二氧化硫次之,臭氧和二氧化氮又次之。这是由于它们的溶解性的大小不同造成的。许多树木的叶子,甚至树皮上的皮孔都能吸收 HF、二氧化硫等气体。

二是净化污水。植物能够吸收、降解、生物转化农田、草场和森林中的污水。利用某些植物嗜好某些元素及其化合物的特性,来除掉水或土壤中的有害物质,如利用葱、凤眼莲(水葫芦)吸收水中的酚;用浮萍、金鱼藻和凤眼莲吸收水中的锌等。

植物是监测器

　　某些植物对有害物质的反应比人要敏感得多。不同植物对不同污染物表现出不同的受害症状，因此观察生物的变异情况，可以监测和预报环境污染状况。

　　当空气中二氧化硫浓度为1～5毫克／升时，人才能嗅到，而有些植物在0.01～0.05毫克／升时，就表现出受害症状。如植物叶脉间出现界限分明的点状或块状白色伤斑，有的连接成片。二氧化硫浓度低时，斑点只在叶背面气孔比较多的地方出现；浓度高时，叶表面也出现白斑。由于二氧化硫能使叶绿素脱镁而破坏，造成叶片褪色、组织脱水、干枯，因而受损部位就形成白斑。对二氧化硫敏感监测植物有：紫花苜蓿、向日葵、芝麻、葱、麦类、灰菜、蓼、高粱、棉花、地衣等。

　　当空气中二氧化氮浓度为1～15毫克／升时，人才能嗅到，而在0.15～0.26毫克／升时，番茄叶呈深绿色并向下弯曲，0.5毫克／升时脐橙叶片缺绿并脱落。二氧化氮危害植物的症状是：急性危害时，叶片两面脉间组织坏死呈皱缩现象，以后变成白色、黄色或古铜色伤斑。伤斑也可能发生于叶片边缘并靠近顶部。某些杂草可全身呈现蜡状。对二氧化氮常用的敏感指示植物有：豌豆、苜蓿、胡萝卜等。

生物是环保网

植物可以制氧除尘、净化空气、防风固沙、涵养水分、保持水土、美化环境，还可以养育和保护大量的珍禽异兽，同时植物本身还是药材、珍贵的生物资源。

植物分布广泛，它分布在陆地和水体等一切有生命的环境中，这就形成了一个将整个地球都网络住的无比巨大的环境保护网，人类的环境保护活动是无法与之相比的。例如：微生物能将地球上的全部动植物遗骸分解而回归环境，可算得上地球的"清洁工"。

许多益鸟、昆虫能将害虫吃掉。例如草青蛉、瓢虫、蜘蛛、青蛙能食某些害虫；一只猫头鹰一个夏天可捕杀上千只田鼠，等于从鼠口中夺回 2000 千克粮食；一只灰喜鹊一年可消灭 1.5 万条松毛虫，可保护约 6666 平方米松林不受虫害；杜鹃一小时能吃下 100 条松毛虫；一对灰椋鸟在营巢育雏期间，每月能消灭蝗虫 10.8 千克；一只大斑啄木鸟一天能消灭 300 多条青杨天牛的幼虫，两对此鸟就可控制约 66 万平方米人工林蛀干害虫的发生；一对红脚隼一天能捕食 17 只野鼠；一对家燕及其幼燕可除掉 13~26 万平方米玉米田的害虫，相当于 20~40 个农民的施药治虫效果。由此可知，开展爱鸟活动的意义了。

保护森林植被，保护益鸟益虫，就是保护天然"环境保护网"。

生物灾害

　　生物灾害主要是指由严重为害农作物的病、虫、草、鼠等有害生物在一定的环境条件下，暴发或流行造成农作物及其产品巨大损失的自然变异过程，从其成因上大体可分为农作物病害、农业虫害、农田杂草和农田鼠害等几大类。

　　这些生物灾害对农业生产的毁灭性危害，主要表现在两个方面：第一，造成农作物大面积的减产甚至绝收；第二，导致农业产品大批量变质，造成严重的经济损失。根据联合国粮农组织估计，世界谷物生产因虫害，常年损失 14%，因病害损失 10%，因草害损失 11%；棉花生产因虫害常年损失 16%，因病害损失 12%，因草害损失 5.8%。

　　中国农业生物灾害的现状与这个估计类似。据不完全统计，全国每年防治病、虫、草、鼠的总面积已超过 200 万平方千米，防治费用逐年增大，仅农药投资一项已高达每年 20 亿元。由于我国农业有害生物

种类繁多，成灾条件复杂，每年都有一些重大病、虫、草、鼠害暴发和流行。我国因生物灾害每年损失粮食仍高达 400 亿千克，损失棉花 400 万担，并且严重降低水果、蔬菜、油料，以及其他经济作用的产量和品质，常年给国家造成近 100 亿元的经济损失。

植被可防风固沙

　　沙尘暴给人们的启示是:中国生态环境非常脆弱,如果原始森林不断减少,森林植被遭到破坏,后果不堪设想。专家认为,要根本上解决沙尘暴问题,必须加快植树造林,防沙固沙。因为林地植被可以阻滞气流,降低风速,是降伏沙龙的天然屏障。据测定,从林边向林内深入30~50米,风速可减少30%~40%;枝叶茂密的树种,能降低风速70%~80%,如果深入到200米深处,则完全无风。在风害区营造防护林带,一般都可降低风速1/3左右,有效防护距离可达树高的20多倍。666平方米左右的防风沙林,可以保护6万多平方米农田免受风沙之害。

　　专家测定,一条14米高的防风林带,在它250~300米的保护范围内,平均风速能降低20%~30%。由于风速降低,土壤水分的蒸发量减少15%~20%,空气相对湿度提高20%左右,作物的蒸腾量也减少20%左右,无霜期可延长2~4天。因此防护林农田可增产20%左右。同时,一棵乔木的根系,水平方向可伸展80~120平方米,纵深可达5~10米以上,这些根系像渔网一样,能把泥沙网住,大风吹来也可使沙土减少散失。如果在沙漠地区多栽耐旱、耐沙压的乔木、灌木,使地下根系与草根互相盘结,像锁链一样锁住流沙,这样沙漠就可以变成绿洲了。

中国的植被环境

中国是一个少林、森林覆盖率低、森林分布不均衡的国家。森林面积为 1.34 亿公顷，森林覆盖率只有 13.92%，大大低于 22% 的世界森林平均覆盖率，居世界第 29 位。基本上还是一个森林资源贫乏的国家。

中国不仅森林资源少，分布不均匀，而且木材的损耗量也很大。过去全国每年计划的采伐量是 6000 多万立方米，但实际的采伐利用量都大于此数。虽自 1998 年长江洪灾以后，禁止采伐，但仍有不少地方在乱砍滥伐，毁林开荒、森林火灾等消耗林木近 2 亿立方米（数十年累计数）。

以 1998 年长江洪灾为例，这次洪灾与长江流域的生态长期遭到人为破坏有直接关系。这种破坏为：一是对长江流域植被的破坏，二是与湖泊争地，三是乱建工程。从 20 世纪 50 年代开始，森林被大量砍伐，森林覆盖率减少 5%。水土流失严重，泥沙涌入江中，抬高河床，某些江段水流不畅等。

中国草地达 3.9 亿公顷，约占国土面积的 40%，位居世界第一，是一个草地资源大国。可是，目前草地超载放牧，退化严重；生态环境恶化，自然灾害严重；草地经营管理水平低，效益不高等问题都在困扰着我国经济的发展。

采煤、加工与环境

煤炭的开采和加工对环境的影响主要如下:

矿井地表沉陷。煤矿井下开采破坏地层力学平衡,形成采空区,引起岩层断裂、变形、地表沉陷。开采面积越大,沉陷越严重,会破坏农田、道路、管线、建筑,污染水源。

露天开采占地,对地表水和地下水产生不良影响。

矿井瓦斯,是成煤过程中的天然气,煤炭贮运中的污染,主要是煤炭自然流失,飞扬,污染水、大气,影响道路沿线的环境。

洗煤排放水污染。洗煤是为了除去煤中的杂质,如灰分、硫分等,这样可以提高热值,减少煤的污染,也减少运输量。但大量的洗煤水排入周围环境,污染水源、土壤、空气等。

煤矸石,煤炭开采和洗选中有大量的煤矸石排出,一般占原煤产量的15%左右。煤矸石堆放不仅会占用大量土地,还会影响景观和生态环境。煤矸石中排放大量二氧化硫、一氧化碳等对大气污染,还会造成酸性水污染。

煤炭的焦化和汽化,这是综合利用煤炭的主要途径,通过焦化和汽化可以得到较干净的燃料。但焦化和汽化过程对环境有较严重的污染。因为焦煤气中含有芳香烃碳氢化合物、硫化氢、氰、焦油、酚等有害物质。

采油、加工与环境

开采、加工石油过程中，对环境污染主要表现有以下几个方面：

钻井泥浆、石油勘探和开采时，需要大量的泥浆循环使用，钻完井后废弃在井场。而泥浆中加有烧碱、铁络盐和盐酸等物质，因此会对井周围的水域、农田造成不良影响。特别是在原油开采过程中发生事故时还会喷出大量含油泥浆。井喷会造成大气污染，人员伤亡等。

含油污水，在钻井和采油过程中产生的含油废水和洗井水，在炼油过程中产生的大量含油冷却水，都是含油污水。污水中含有油、酸、碱、盐、酚、氰和一些有机污染物，可污染海洋、淡水水域和土壤。

石油废气，开采原油伴有一定油气，称为伴生气；石油加工过程中可产生炼厂废气；石油贮运也可以有气体挥发。这些气体收集利用则是财富，但排入大气则造成污染。

炼厂废渣、炼油厂在精炼石油过程中，会产生酸渣、碱渣、石油添加剂废渣、废催化剂和废白土。污水处理时会产生油泥、浮渣等。这些污染物通常采用坑埋、堆放或直接排入水体的方法处置，由于含有油、硫、磷、铁、酚等杂质，因此会造成对水体、土壤的污染。

化石燃料与污染

目前，除极少数化石燃料能源用作化工原料外，基本上都用作燃料。其中石油制品主要用于交通，煤炭主要用于发电(火力发电)。燃料的有效利用只有1/3，其余2/3都作为废物排放到环境中了。

化石燃料在利用过程中对环境的影响，主要是
由燃烧时产生的气体、固体废物和发电时的余热所造成的污染。

在中国的大气污染源中，燃煤是一个重要因素。在1991年，全国工业二氧化硫和烟尘的排放量，分别为1622万吨和1314万吨，占全国总污染量的2/3，使几乎所有城市和工业区大气中的颗粒浓度超过国家标准的几倍到几十倍。由于近年来的治理，使大气污染量有所减少，如1996年，全国工业二氧化硫和烟尘的排放量分别减少到1364万吨和758万吨，但污染总量还很大。

化石燃料燃烧产生的污染物，对环境造成的影响，主要表现在温室效应和酸雨两方面。空气中二氧化碳含量的倍增，导致全球气温的逐渐变暖，而气温变暖会给人类带来许多灾害，如两极冰层部分融化使海平面升高，沿海低洼城市葬于海底，导致干旱和洪涝灾害，引发植物病虫害增加，改变大气环境等；酸雨导致桥梁、水坝、工业设备、供水管网等建筑材料的腐蚀、农作物枯死，所有生物受害。

核电与环境污染

　　核电是利用铀 −235(或钚 −239)发电，不是化石燃料，所以不具有化石燃料在开发利用过程中的环境污染问题。但它存在着放射性污染。为了保证安全，要求核电站和反应堆产生的放射性废物要与环境隔离，阻止它们进入生态系统。

　　正常运行的核电站和反应堆，对环境的污染主要是放射性废气、废渣。各类反应堆都要排出大量的冷却水，冷却水经过反应堆时，由于中子作用，产生一部分感生放射性衰变产物。近年来核电站多建在沿海和大的江河边上，以利用海水和河水作冷却水，因此，对海洋和江河的污染已成为众所关注的问题。

　　由于需要换装燃料和清除放射性废物，反应堆大约每年须停产一次。因此，反应堆除经常释放出少量放射性物质外，还定期排放出大量放射性废弃物。这些放射性废弃物如何贮存(处置)，使它们永远不会进入人类的生活环境，是一个严重而急需解决的问题。

　　天然存在的放射性物质、核裂变产物和放射性废弃物，在自然界的循环中，一部分放射性核素进入生物循环，并经食物链进入人体。另一部分经过呼吸道和皮肤进入人体，对人体造成一定危害。

核反应堆较安全

核反应堆本身是否安全,是否会像原子弹那样爆炸,放射性物质是否会四处泄漏,危及人类和生态系统的安全,这是核利用中人们十分关注的一个重要问题。

子弹用的是浓缩铀(指铀−235而言),组装紧密,没有调控装置;而反应堆用的是低浓铀(铀−235只占3%左右),组装疏松,总质量远未达到核爆炸的临界值。而且有调控装置(吸收中心的控制系统)。因此一般不会产生核爆炸那样的事故。但是,如果冷却系统失灵,堆芯温度不断升高,以致堆芯自身熔融,造成放射性物质外溢。然而,由于反应堆都被厚而密封的外壳所封闭,所以即使发生堆芯熔融事故,放射性物质也被封到外壳之内,散逸到外界去的机会很小。例如1979年3月28日美国宾夕法尼亚州的三哩岛核电站事故,反应堆大部分元件损坏甚至熔化,但污染物全封到房顶壳内,事故周围居民只受到1.5毫雷姆作用。

尽管如此,利用核能还是具有潜在危险。利用和操作不当,会引起极为严重的后果。例如,在1986年4月26日,苏联基辅附近的切尔诺贝利核电站4号反应堆堆芯爆炸,引起熊熊大火,大量放射性物质泄漏,因当时有关当局毫无思想准备,致使事发现场一片混乱,后动用空军7天后才扑灭了大火。

噪 声

　　人们都知道,世上的声音有两种,一种是乐音,另一种则是噪声。乐音就是振动有规律、和谐,可以形成音调的声音;噪声则是振动没有规律,不能形成音调的声音。随着社会的进步,工业化进程的发展,噪声污染也越来越严重了。大量的噪声是现代机器革命的产物。在现代的大城市里,绝大部分噪声来自汽车,农村的噪声主要来自汽车和拖拉机。据统计,这种噪声每年将增加2%。

　　科学家告诉我们,用来计算声音的单位是"分贝",簌簌作响的树叶声有20分贝;轻声细语为30分贝,公共汽车行驶的声音为80分贝,喷气式飞机飞行的声音为130分贝。

　　经医学研究,强度为20～40分贝的噪声,人们还是可以容忍和习惯的,比如能正常睡觉,正常工作和看书学习等,不会引起明显的症状,这叫最大容许本底噪声。当音响增大时,就会危害人体健康了,比如使人烦躁、困倦、神经衰弱等。据说噪声增大到60分贝时,人体内分泌将发生紊乱,神经症和精神病的发病率会增高。长期在90分贝以上的噪声下工作,会使人发生噪声性耳聋。人们耳膜受到130分贝以上的声音冲击,就会受到损伤。其实,噪声在120分贝以上就会引起生理上的疼痛,使人不能忍受了。所以噪声是当今城市的一大祸害,给人们带来噪声污染。

噪声危害健康

医学界认为,噪声严重影响脑力劳动的效果。他们指出:当试验动物被置于噪声环境中时,"它们就变得阴沉、迟钝、古怪或暴躁。"音乐家柴可夫斯基说:"我全然不能忍受噪声。街上过的每辆

马车都会激怒我,每个响动,每声叫喊都刺激我的神经,我简直快要发疯了。"国外有个邮局进行过试验,如果把噪声降低到 10~15 分贝,分拣信件的效率可提高 18%。据统计,在喧闹地区,各种疾病的发病率比僻静地区要高出 2 倍。

为什么噪声对人体健康危害这么大呢?因为强烈的噪声是无规律的振动,它使人的机体产生另外一种对神经和心血管组织有害的化学物质,提高了人体的健康和正常生理。因而,噪声是人类无形的大敌,是当今的灾难。

目前,人们已经开始防治噪声了,而且许多地方还卓有成效。噪声防治的措施主要有三种:第一是控制噪声源,现在很多国家正在研究制造无噪声和低噪声的车辆,如电动汽车、蒸汽汽车等;第二是在音源附近装置隔音板、隔音罩、消音器、隔音墙和隔音地面等;第三是人员防护,比如用护耳器、耳塞、耳套等。在噪音大的环境中工作,还可戴上密封帽,就像宇航员那样,把头部罩起来。

振动公害

　　地震、山崩，或建筑物高空重物冲击地面，均会使地面发生振动。当振动介人环境中，超过了人体的健康阈或建筑物的抗震能力等，直接或间接地对人类产生影响和危害，称为振动公害。

　　振动是一种以地面及其上的建筑物等传播为主的能量，振动同噪声传播一样，都是以波的形式传播。振动波可以在气体、液体和固体介质中传播，其传播形式有以下几种：

　　一是横波：介质质点的振动方向与波的传播方向垂直的波，叫横波。横波只在固体中传播。横波传播较慢，比纵波慢，破坏性大。由于它比纵波传播慢，到达晚，所以又称次至波。当人受到横波冲击时，将左右摇摆。

　　二是纵波：介质质点的振动方向与波的传播方向平行的波，叫纵波。纵波的传播介质为固体和液体。纵波传播速度比较快，最先到达，所以又称初至波。纵波表现形式为上下跳动。

　　三是表面波：它是由介质中的振动波受界面制约而产生的沿表面传播的一种横波。质点振幅随深度的增加而衰减。它的传播速度最慢，而能量最大。

　　这三种波的能量分别是：表面波占 67%，横波占 26%，纵波占 7%。地震的破坏作用和被人感知的振动公害均以表面波为主，它是振动公害的主要研究和防治对象。

电磁波污染

在日益现代化的城市里，雷达、广播电视发射台、寻呼台、高压电线、微波设备，以及射频设备急剧增加，低层大气中的电磁波辐射程度越来越强。据研究，高强度的电磁波辐射已经达到直接威胁人体健康的程度。虽然危害机制目前尚未十分清楚，但很多事例已经充分证明了这种相关性。

生活在繁华都市里的人们，仿佛"浸泡"在电磁波的"汪洋大海"中，每时每刻无不饱受着电磁波的危害。美国一研究所曾对微波雷达影响下的居民进行调查，发现受高功率远程微波雷达影响地区的居民癌症死亡率远远高于其他地区居民的癌症死亡率。电磁波已经成为危害人类健康的"杀手"。

电磁波中的微波对人的危害最大。人吸收一定量的电磁波可发生生物热作用。电磁波可使人患神经衰弱症、自主神经紊乱和心血管疾病等。具体症状有疲乏无力、头痛、头晕、易激动、失眠、健忘、神经质、晕厥、走路时呼吸困难、消瘦、心律减慢、血压升高或降低，心脏功能减退和消化系统疾病、白内障等。

大功率的中短波可导致记忆力减退、睡眠障碍等神经衰弱症候群和女性月经紊乱，男性性功能减退等自主神经失调症状。个别病例还有严重脱发、手心出汗，手有细微震颤、指甲变平等症状。